亚马逊跨境电商
AI图像实战

图像识别与AIGC生成应用

叶鹏飞　王　东　陈正轩◎编著

中国铁道出版社有限公司
CHINA RAILWAY PUBLISHING HOUSE CO., LTD.

图书在版编目（CIP）数据

亚马逊跨境电商 AI 图像实战：图像识别与 AIGC 生成应用 / 叶鹏飞，王东，陈正轩编著 . —北京：中国铁道出版社有限公司，2024.8
ISBN 978-7-113-31226-8

Ⅰ. ①亚… Ⅱ. ①叶…②王…③陈… Ⅲ . ①人工智能 - 应用 - 图像识别 Ⅳ . ① TP391.413

中国国家版本馆 CIP 数据核字（2024）第 091459 号

书　　名：亚马逊跨境电商 AI 图像实战——图像识别与 AIGC 生成应用
YAMAXUN KUAJING DIANSHANG AI TUXIANG SHIZHAN: TUXIANG SHIBIE YU AIGC SHENGCHENG YINGYONG
作　　者：叶鹏飞　王　东　陈正轩

责任编辑：张　丹　　编辑部电话：（010）51873064　　电子邮箱：232262382@qq. com
责任校对：安海燕
封面设计：宿　萌
责任印制：赵星辰

出版发行：中国铁道出版社有限公司（100054，北京市西城区右安门西街 8 号）
网　　址：http://www.tdpress.com
印　　刷：天津嘉恒印务有限公司
版　　次：2024 年 8 月第 1 版　2024 年 8 月第 1 次印刷
开　　本：787 mm×1 092 mm 1/16　印张：12　字数：300 千
书　　号：ISBN 978-7-113-31226-8
定　　价：89. 80 元

1

人工智能（AI）正以前所未有的速度和规模改变着我们的生活和商业领域。特别是在跨境电商行业，AI作为一项强大的技术，为企业带来了巨大的变革和机遇。跨境电商行业面临着许多挑战，包括语言障碍、商品分类、市场竞争等。AI的出现为解决这些问题提供了新的解决方案。

通过自然语言处理和机器翻译技术，AI能够帮助跨境电商企业与全球消费者进行无障碍沟通和交流。AI还可以利用图像识别和目标检测技术，帮助企业快速准确地对商品进行分类和标记，提高运营效率。此外，AI还能通过数据分析和预测模型，为企业提供市场趋势和消费者行为的洞察，帮助企业做出更明智的决策。其中一个重要的工具是AI生成内容（AIGC）技术，它能够自动生成商品描述、广告文案等内容，帮助企业更好地与全球消费者进行沟通。这项技术不仅提高了效率，还保持了高质量和一致性，为企业节省了大量时间和人力成本。另一个关键的工具是自动打标签技术，它利用AI的图像识别和目标检测能力，能够快速准确地对商品进行分类和标记。这项技术使得企业能够更有效地管理和组织海量的商品数据，提高了运营效率和准确性。此外，自动识别语义技术也是跨境电商领域的重要工具之一。它利用自然语言处理和机器学习算法，能够理解和解析消费者的语言表达，从而更好地满足他们的需求。

另外，像共达地这样的视觉类AI AutoML平台也能为电商发挥作用。通过自动化的深度学习，共达地能够让跨境电商企业在无须招募 AI 专业团队的前提下，快速生成所需的视觉算法 —— 无论是目标检测、分割还是分类，这将为用户提供更精确的商品管理和客户体验，提高了企业的竞争力和市场份额。

本书我们将深入探讨AI对跨境电商的贡献，我相信，通过AI的力量，跨境电商行业将迎来更加繁荣和创新的未来。让我们一起探索这个充满机遇的领域，并共同见证AI为跨境电商带来的巨大变革。

共达地创新技术(深圳)有限公司CMO 李苏南

2

本书是市面上最接地气的关于跨境电商图片优化的实操宝典！

对于跨境电商运营而言，文字与图片是日常两个重要的优化内容。

文字，即整个Listing页面所包含的文字内容。文字优化决定着Listing的流量入口。跨境电商的文字优化，一般是指对跨境电商平台的搜索引擎进行优化，也就是我们常说的SEO。图片，即Listing中展示的商品图片。图片优化决定着消费者是否对商品产生足够的兴趣，进而产生购买欲望。跨境电商的图片优化，一般需要关注商品的点击率与转化率这两个指标。对于跨境电商的文字优化，目前市面上存在的分享内容会比较多，也相对比较成熟。

但是，对于跨境电商的图片优化，市面上存在的相关内容则比较少。

那么这是什么原因呢?

首先，跨境电商的图片优化具有主观性。因为每个人的审美观点不同，会影响不同人对跨境电商图片好坏的判定，导致有些结果大相径庭。其次，跨境电商的图片优化具有一定的技术性。一张跨境电商图片的形成，从拍摄到制图，每个环节都涉及专业工具及软件的使用。这样就容易导致有创意的人不会操作，而会操作的人没有创意。除非一个人同时拥有创意与技术，否则在两者之间的信息传递，会消耗巨大，沟通成本极高。最后，跨境电商的图片优化效率较低。俗话说“慢工出细活”，这就决定了制作一张好看的跨境电商图片，是需要耗费大量时间来完成的，从而无法实现在短时间内量产。

然而，随着AI工具如ChatGPT和Midjourney的出现，跨境电商图片优化迎来了新的突破。这些AI工具提升了创意开发和制作效率，为跨境电商带来了更高的技术。

本书为我们提供了宝贵的指导。作者以实际运营场景为例，详细展示如何运用Midjourney和Stable Diffusion等AI工具。无论是输入提示词还是编写各种参数，书中都能手把手帮助我们快速掌握AI图片生成的技巧。

如果你对跨境电商图片优化感到困惑，或者对图片创意缺乏灵感，甚至发现当前跨境电商商品图片的制作效率低，那么本书绝对是你的“救命稻草”。这本实战宝典将帮助你解决问题，实现高效而引人注目的图片优化，让你的产品在跨境电商平台上脱颖而出。

广州多家亚马逊大卖主操盘手
广东省跨境电子商务协会认证讲师
亚马逊广告资深卖家讲师
跨境吴老师

1

认识叶鹏飞是源于几年前他在出版《亚马逊跨境电商运营实战》这本书时邀请我为其写序言，一次相识，后面便有了这么多年的交往，在这几年里，我也见证了他先后出版的几本书，每一本我都有认真阅读并从中受益，直到现在，他出版的每本书都依然摆放在我的书架上。

这次他又有新书要出版，内容围绕当下热门的人工智能与跨境电商亚马逊卖家的结合应用，说实话，市面上人工智能方面的书有很多，但据我所知，和跨境电商卖家的应用需求结合而写的书暂时还没有，这是第一本。

我有幸在第一时间拿到书稿，认真阅读中，我能够感受到叶鹏飞对于亚马逊卖家和人工智能的理解并将两者融合的用心和细心，书是载体，内容则是宝典，相信本书能够为认真阅读的读者打开一扇天窗，让我们在阅读中领略“AI+亚马逊”的各种可能。

时间是最大的成本，高效就意味着可以获得更多的机会，相信本书能够帮助读者在运营路上更进一步，更快、更高效地取得期望的成果。

预祝叶鹏飞的新书大卖，也祝所有读者在阅读中收获满满。

赢商荟跨境电商学院创始人，《增长飞轮：亚马逊跨境电商运营精要》
《增长飞轮2：跨境电商亚马逊爆款打造50讲》作者 赢商荟老魏

2

如果没有记错，这本书应该是作者出版的第6本了。特别让人佩服的是他写的每本书的内容都是全新的方向。本书他根据市场发展趋势，深入探讨了AIGC软件在亚马逊销售中的应用与技巧，为跨境电商提供了宝贵的指导与启示。

对AI感兴趣的人，强烈推荐你们看看，可以了解如何利用人工智能技术提升页面优化、提高销售业绩，并掌握实战经验以应对竞争激烈的市场环境。

无论你是初学者还是经验丰富的亚马逊卖家，本书都可成为你的良师益友，给你启示，指引你正确的方向，帮助你在亚马逊平台上取得更大的成功。

《亚马逊跨境电商运营与广告实战》
作者 Kris

3

我是叶鹏飞在哈尔滨工程大学的老师，从2016年至今，我看到鹏飞在亚马逊、哔哩哔哩、腾讯等工作环境中不断积累，从学生成长为创业者，他在电商数据化精细运营方面的专业知识在不断迭代。随着ChatGPT的发布，智能时代的来临，他和他的伙伴们快速推出亚马逊AI广告工具，并出版本书助力中小跨境电商快速实现数字化精细运营转型。

本书详细介绍了如何使用AI工具进行图像识别与生成，帮助中小企业在网店“视觉”精细化运营方面提高效率，实操性强。当我看完本书时，作为教育工作者，我体会到了人工智能时代岗位要求的更迭和工具的变化。在这个快速发展的智能时代，我们在培养学生时注重的底层能力是什么？我们的从业者如何面对智能时代的岗位更迭？这也是一本打开从业者转型思考的书籍。

青岛农业大学经济管理学院
贾晓娟博士

4

近年来，AI技术如同一股强劲的风潮席卷全球，尽管一些人已经掌握了其使用技巧并实现了高效生产力的飞跃，但仍有部分人因AI使用门槛问题而停滞不前。这些人或浅尝即止，或望而却步，或对AI可用性持怀疑态度，视之为媒体炒作的噱头。

很荣幸能够第一时间拜读本书。它恰好解决了困扰许多人的AI使用门槛问题。从理论基础到环境搭建，从技巧展示到在跨境电商领域的实际应用，内容全面且深入浅出地引导读者进入AI的世界。书中详细介绍了Midjourney和Stable Diffusion等工具的使用方法，为那些希望在跨境电商领域取得优秀成绩的朋友们提供了一把开启成功之门的钥匙。

奇点出海创始人 小波儿

5

作为作者的朋友，我感到无比荣幸能为他的新书撰写推荐语。

最近几年，人们对人工智能前沿领域的探索日渐深入，诸多新颖的项目和职业应运而生，从最初对人工智能的恐惧，到如今深度探索和利用，人们在平台上的讨论和分享从未间断过。

随着人工智能逐渐融入人们的生活和工作，我们开始逐渐接纳和欣赏它的存在。许多前沿的科技工作者，均无私地分享他们的观察、见解以及人工智能成功应用的实践案例。

尽管人工智能是一个持久热门的话题，但仍有许多远离该领域的人对人工智能的常规使用感到陌生，他们需要专业的指导来拆解人工智能的运行机理并学习实际操作案例。本书深入浅出地介绍市场上主流软件的配置与操作，同时详解了大量实际案例，供广大行业从业者学习和借鉴。

我坚信，这个领域会持续吸引更多的研究者和实践者参与进来。这是一个全新时代的改革，也是科技进步推动我们前行的必经之路。本书无疑为我们开启了探索这条路的崭新篇章。

飞鱼数据 (FeiYuShuJu.Com)
创始人 赵伟

6

作者的这本新书绝对是我们这个行业的福利，也是我读过的真正理解AIGC并系统深刻地运用到亚马逊跨境电商的书。

本书从实际操作和应用层面深入浅出地描述了AIGC在亚马逊运营业务不同场景中应用的可能，不仅能帮助运营者提高内容生成的效率，还能提高内容的多样性。

通过阅读本书，亚马逊从业者可以深入了解AIGC对于亚马逊跨境电商产生的变革性影响，甚至能够帮助我们思考在AIGC这个新技术浪潮下，如何做好企业的战略布局与运营成本的优化。总体来说，本书对于AIGC赋能行业非常具有前瞻性，是一本值得品读的佳作!

帝康科技创始人兼CEO Kimi

7

自ChatGPT 于2022年11月30日发布，各行各业“刮”起了AI的学习和应用风，似乎一夜之间各行各业都在研究AI如何落地，应用于工作，提高效率，节约成本。而于2024年2月15日，OpenAI的Sora也在一夜之间席卷全球；而跨境电商行业，特别是依托亚马逊平台的大卖家和服务商们，更是在2023年纷纷进入AI领域的研究，探讨并实践着诸如“AI便携Listing文案”“AI渲染图片”“AI生成脚本”等，但是对于多数中小卖家而言，似乎这个课题难度还是不小，或缺少专业技术人员去研究，或不清楚市面上哪些软件是更好的运营选择；庆幸的是，本书作者，结合技术和运营经验，给大家呈现这本《亚马逊跨境电商AI图像实战：图像识别与AIGC生成应用》，用他多年一线运营的思维，站在产品经理的视角，以浅显易懂的表达，告诉大家如何在运营的过程中，巧妙运用AI工具，在亚马逊降本增效，创造更大的价值。重要的是中小卖家，甚至个人卖家也能看完即用，强烈推荐!

广州昂图科技有限公司 总经理
亚马逊卖家讲师
Kid 李仲伟

8

作为一家科技公司的AI技术负责人，我非常荣幸能为本书写下这段推荐语。在数字化和全球化的今天，跨境电商不仅是全球贸易的重要组成部分，也是推动经济增长和技术创新的关键力量。本书的出版正逢其时，它不仅为我们揭示了跨境电商的未来趋势，更指明了人工智能在其中扮演的关键角色。

本书通过对亚马逊这一全球电商巨头的深入剖析，展示了AI在图像识别与生成领域的应用如何彻底改变电商行业的游戏规则。从产品展示到用户体验，从市场分析到广告优化，本书详细阐述了AI技术如何帮助企业在激烈的市场竞争中脱颖而出。更为重要的是，本书不满足于理论层面的讨论，更通过一系列实战案例，让读者能够直观地感受到AI技术在实际操作中的强大威力。

作为一名长期从事AI技术研究和应用的专业人士，我深知将理论转化为实践的重要性。书中，读者不仅可以学习前沿的AI图像识别与生成技术，还能够了解这些技术是如何在亚马逊这样的跨境电商平台上得到实际应用的。无论你是AI领域的研究者、电商行业的从业者，还是对新兴技术充满好奇的普通读者，这本书都将为你提供宝贵的知识和灵感。

最后，衷心希望这本书能够激发更多人对AI与跨境电商结合的兴趣，推动这一领域的进一步发展。愿我们共同见证AI技术在电商领域绽放出更加夺目的光芒。

希图科技发展有限公司AI技术负责人 周宇轩

9

自从ChatGPT发布以来，AI技术已从幕后走到了台前，为各行各业的从业者提供了前所未有的机遇。现在，每个人都有机会通过AI工具成为T型人才（一专多能），从而提升自己在行业中的竞争力。本书生动地阐述了运营人员如何通过AI技术实现店铺的精细化运营。

本书通过丰富的案例深入探讨了AI工具在店铺运营中的创新应用。通过这些实例，读者将轻松掌握AI工具的使用方法，为自己的工作注入更多智能元素。

身为拥有技术背景的IT人力资源领域创业者，我们不但为企业提供优秀的IT人才，也在积极探索如何运用AI技术，赋能不同领域的从业者，降低AI技术的使用门槛，使其更广泛地为大众所接受和使用。

本书不仅适合跨境电商运营人员，同时也是对AI技术感兴趣的人的一份必备之作。特别值得一提的是，对于Midjourney和Stable Diffusion部分，本书提供了保姆式的安装和使用教程，为读者提供了更加贴心的帮助。

在这个充满机遇和挑战的时代，掌握AI技术已经不再是一个梦想，而是提高工作效率和创造更多价值的必要手段。本书为您打开了通向AI未来的大门，是实现个人职业发展目标的不二之选。无论您是新手还是经验丰富的从业者，都能获益匪浅。让我们共同踏上这场数字化时代的冒险之路，发现AI带来的无限可能性！

北京三范式科技有限公司 联合创始人 路玉建

10

在当今这个数字化浪潮不断掀起的时代，实体企业积极拥抱数字化转型升级不仅是大势所趋，更是构筑未来竞争力的关键一环。产品和服务的网络呈现，作为企业数字化战略中至关重要的一环，已经变得不可或缺。正如俗语所言："文字能传达思想，视觉则能够打造印象。"因而，对于视觉呈现的诉求在实体企业中变得尤为强烈，实体企业追求的是一个既优质又成本效益高、效率卓越的多赢解决方案，即便这些目标看似相互冲突。面对经济环境的严峻挑战，众多实体企业在寻求新的收益增长点的同时，也在努力压减成本，这是切实的商业需求。

本书虽然主要针对亚马逊卖家撰写，但是其中包含的洞见和案例具有广泛的适用性，使我们得以灵活运用"文生图""图生图"等一系列工具，以巧妙满足企业的视觉运营需求。

我期待更多从事实体经营的中小企业家们翻阅此书，愿我们共同借助人工智能的巨大潜能，加速推进数字化转型的步伐，迈向企业发展的新纪元。

蚁鸣通创始人 苟宏

献给一路走来的伴侣，也献给一同创业与奋斗的伙伴们！

在很久以前我就想写本关于亚马逊平台“视觉”的书籍，但在过去很难将不同品类的“视觉”技巧汇总成书稿，因为“视觉”二字之下是远比运营要复杂的业务逻辑。从构图到摄影，从调色到渲染，每一步操作都包含了大量的经验与技巧，并且它们通过书稿很难有效呈现。那时候我就在想，什么时候自己可以做一款AI视觉产品，帮助商家彻底解决图像相关的问题，这样大家就再也不用为“视觉”二字苦恼了。

比较偶然的是，在2022年12月，随着ChatGPT的发布，我们关注到了AIGC图像领域，当时我和小伙伴们刚刚来到深圳创业，在蛇口靠海的地方租了个民房开始研发亚马逊SaaS软件。我们发现ChatGPT在词汇分析精准度上远超团队自研的算法，与此同时我们拿着ChatGPT识别的标签和优化的prompt语句，开始在Midjourney和Stable Diffusion等多个AIGC图像工具上进行测试，结果这些工具生成的图像效果并不弱于一个专业的视觉服务商提供的服务，这时候我们渐渐感觉到一场AI的变革马上就要来临了。

不出所料，在2023年越来越多的亚马逊商家开始尝试使用AIGC技术来辅助业务，例如用ChatGPT来优化listing，用Midjourney工具来优化主副图，用Stable Diffusion来生成A+素材等，我们自身创业的进度也因为AI技术的应用获得了加速，并于2023年5月26日完成了业界第一场AI落地的产品发布会（AdTron何患无“词”产品发布会），并快速获得了首批用户的认可。

为了让更多的商家与运营能了解AIGC图像能力的应用，也为了弥补国内跨境电商AIGC工具书的空白，我们创作了这本工具书。本书的内容分为三个部分：第一部分为业务内容介绍，讲解了在亚马逊平台“视觉”相关的要素，例如主图、副图、A+图等；第二部分为Midjourney基础应用讲解，主要围绕工具使用方法和案例实操来阐述；第三部分为Stable Diffusion进阶应用讲解，涉及模型下载、部署、操作、训练、调配等多个环节，满足部分商家的进阶“视觉”需求。

除了书稿呈现的文本内容外，本书还准备了一系列音频、视频和电子文档，大家可以通过关注“旭鹏跨境电商前哨站”或“AdTron”公众号，回复“AI”“AI作图”等相关关键词即可获取，也可以通过出版社下载网址http://www.m.crphdm.com/2024/0621/14734.shtml，下载部分资源。与此同时，还为每位读者免费提供AdTron工具一个月的免费体验码，大家可以在AdTron官网选择“兑换优惠码”，并在其中输入“WISY30”获取体验资格，AdTron工具应用了ChatGPT新的接口和技术，可以自动生成精准的listing文案，并智能优化关键词、标题、五点描述、A+素材。

最后，再次感谢一同陪伴AdTron产品创业的小伙伴们，感谢MK、马汪汪、康矫健、陈昭瑾、金景、李舒珺、袁钰坤、王东、谷天一、王顺、张涛、Martin、刘宇真、余献文、朱鹏鑫、陈正轩、Od、陆云芸、何嘉俊、杨强、周宇轩、周方宇等创业伙伴的助力（以上排名不分先后），感谢希图科技合伙人Kevin的信任与配合，感谢投资人丁志宇对企业发展的助力，感谢亚马逊平台方Venissa和Melvin Wang的帮助，感谢业界所有合作方的信任，相信未来在AI技术的加持下，亚马逊跨境电商的发展会有更广阔的天地。

叶鹏飞

2023年8月31日于深圳软件园一期

（AdTron关键词工具诞生地）

第一部分　AI 技术在亚马逊跨境电商运营中的应用

第 1 章　行业现状、AI 应用趋势及落地场景

第 2 章　图像识别、图像增强、图像生成的业务落地场景

第二部分　使用 Midjourney 在亚马逊跨境电商运营中的应用

第 3 章　用 Midjourney 创作的准备工作

第 4 章　用 Midjourney 创作你的第一幅 AI 作品

第 5 章　商品场景图生成与融合实战

第 8 章 用 Stable Diffusion 创作你的第一幅 AI 作品

第 9 章 商品背景图生成

第一部分

AI技术在亚马逊跨境电商运营中的应用

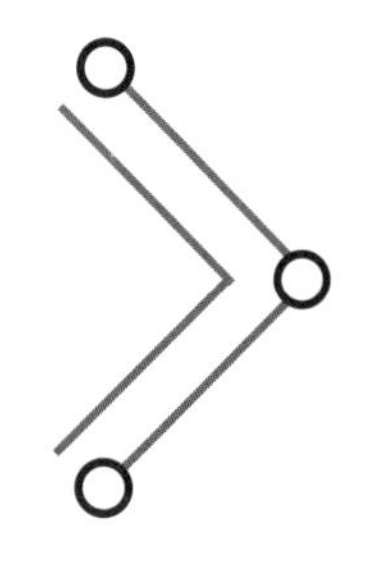

行业现状、AI应用趋势及落地场景

本章将会结合亚马逊行业的现状和特点，梳理AI对亚马逊商家的应用价值与发展潜力，并结合具体的AI产品案例进行阐述。

1.1 亚马逊跨境电商的行业现状及痛点

过去10年，亚马逊跨境电商行业从原本的粗犷式运营，逐渐转变为精细化运营，但随之产生的问题便接踵而来。很多中小商家与运营者并非不清楚精细化运营的必要性，但是在日常工作的落地中产生了一系列问题。

比如，所有运营者都知道更优质的图片素材可以吸引点击（主图），并且还可以促进转化（A+素材），但是由于公司视觉预算的问题，无法聘请专业的视觉团队实现这一目标，而运营者自身由于工作的繁重（邮件回复、FBA备货、新品上架等），也无法亲自解决视觉的问题。

除了精细化运营中视觉优化的高成本外，卖家的经营模式也部分决定了精细化运营的落地难度。一般而言，亚马逊卖家可以分为铺货、精铺、精品、品牌四种类型，其中铺货、精铺卖家占据了主流，精品和品牌卖家则相对较少。

以亚马逊listing（商品信息页面）上架和优化为例，笔者在之前出版的《亚马逊跨境电商精细化运营实战宝典》和《亚马逊跨境电商运营实战》中都曾针对这一环节有过具体的阐述，一个高质量的listing少不了对于标题、五点描述、后台关键词的精心优化，而这些工作对于铺货和精铺卖家而言，几乎是不可能实现的。

以国内头部铺货公司为例（杭州亚马逊服装跨境电商最大的上市公司），一个运营人员一周要上架的listing从几十到几百个不等，假设每个运营人员一周工作5～6天的情况下，每个listing能够分配到的时间也许只有十多分钟到半小时，这些时间根本无法按照精细化运营的方法对listing进行优化。

因此，在AI技术爆发前，亚马逊卖家与卖家的竞争陷入了恶性循环，由于大家没有精细化运营的执行可能性，就只能在供应链价格、销售价格上进行同质化竞争，这导致产品销售利润越来越低，中小卖家在这个行业也越来越难以生存。

如果AI技术没有爆发，那么亚马逊平台的竞争格局可能会和某电商平台的发展一样，中小卖家逐渐被大卖和品牌卖家所淘汰，亚马逊跨境电商的创业门槛也随之越来越高。但随着ChatGPT 3.5的发布，亚马逊跨境电商行业的发展趋势迅速发生了改变，AIGC产品的诞生，让很多运营者从此可以“身兼数职”，一个人解决视觉、运营、技术等原本需要多个工种才可以处理的问题。比如，运营者从此可以使用Midjourney（AI绘画工具）来优化listing视觉素材，使用GPT来生成listing文案，使用AutoML（AI系统）技术来训练业务算法模型等。

如果说过去是以“精细化运营”为方向却难以执行的阶段，那么未来将会是“精细化运营+AI落地”的阶段，“精细化运营”的思维决定了亚马逊的战略方向，“AI落地”的技巧决定了亚马逊的战术目标，而本书会带着大家一同去摸索“AI+亚马逊”的各种可能性。

1.2　AI大潮下，亚马逊跨境电商运营的发展趋势

随着ChatGPT 3.5的发布，很多原本在过去难以想象的事情，在AIGC技术爆发的背景下居然慢慢实现了，以下是在AIGC技术加持下运营可以实现的业务环节：

- 自动生成listing标题与文案；
- 自动生成A+图片；
- 自动优化主副图；
- 自动分析review（亚马逊分析工具）并生成VOC报告；
- 自动实现关键词标签归类。

在过去，没有供应链优势和投放资金的小商家在大品牌面前毫无竞争力，但是通过AI的助力，任何亚马逊商家都可以生成堪比专业团队的素材，而这些视觉素材又是电商零售业务的关键，从此亚马逊的竞争格局会慢慢发生改变。

例如，一份精致主副图与A+的创作服务价格一般为1 000～2 000元，而一份精致主副图与A+的素材一般只能服务一个父ASIN（亚马逊标准识别号），如果卖家本身的主推款父ASIN有10个，那么就需要1万～2万元，这还不包括视频费和铺货卖家的额外成本。因此，可以发现，视觉成本对于中小卖家原本是不可能承担的费用，而视觉又是电商业务起步的第一个环节，因为只有消费者对图片感兴趣，才可能产生点击购买等一系列后续操作，如果图片本身粗制滥造，listing的成长必然会受到影响。

除了视觉的AI革命外，listing文本相关的工作也会逐渐被AI取代。以经典的五点描述为例，过去由于亚马逊平台本身处于红利期，所以很多运营者并不会用心编辑五

点描述，通常随意上传一些基本信息敷衍了事，**而优秀的五点描述文本不仅可以通过翔实的文本增强亚马逊搜索引擎采集listing信息的效率（这可以提升listing的自然流量），也可以使用Emoji（表情符号小程序）、特殊符号等方法有效提升用户阅读率，**如图1-1～图1-3所示。

About this item

- 【SUPER COMFORTABLE】Mattress protector is made of premium polyester breathable fabric with noiseless polyurethane lining, provides you with a soft and silky touch of nature, brings you the ultimate sleep feeling.
- 【KEEP DRY & BREATHABLE】Front material uses polyester microfiber fabric, great breath ability and keep dry all night, avoids the feeling of hot. Our full size mattress cover gives you and your little angel a healthy and relaxed sleep.
- 【100% WATERPROOF】Back material adopts new tech of TPU fabric, 100% waterproof and safe, protects your bed mattress from all liquids and fluids.
- 【DEEP POCKET & 360° SURROUND】Multiple sizes available and strong elastic band skirt design and 360° full surround ensure it hugs each corner of mattress, stays flat and avoids shifting. Deep pocket design makes it easy to install and accommodate mattress of various thicknesses, fit up to 6"- 15".
- 【SERVICES SUPPORT】Serving customers is our top priority, and we offer a satisfactory warranty and money-back guarantee for mattress cover that leave our store. If you have any questions, please contact us and we will reply you within 24 hours.

图1-1　带有大小写和特殊符号的五点描述

在图1-1中文字主要介绍了一款床垫保护套的特点和优势。床垫保护套采用高品质的透气面料和无噪声内衬制成，给用户带来柔软舒适的睡眠体验。前面材料具有良好的透气性，保持干爽，背面采用防水的TPU面料，有效保护床垫免受液体侵害。床垫保护套设计贴合床垫每个角落，不易移位，适用于不同厚度的床垫。商家提供满意的售后保障和退款保证，用户如有问题可随时联系客服。

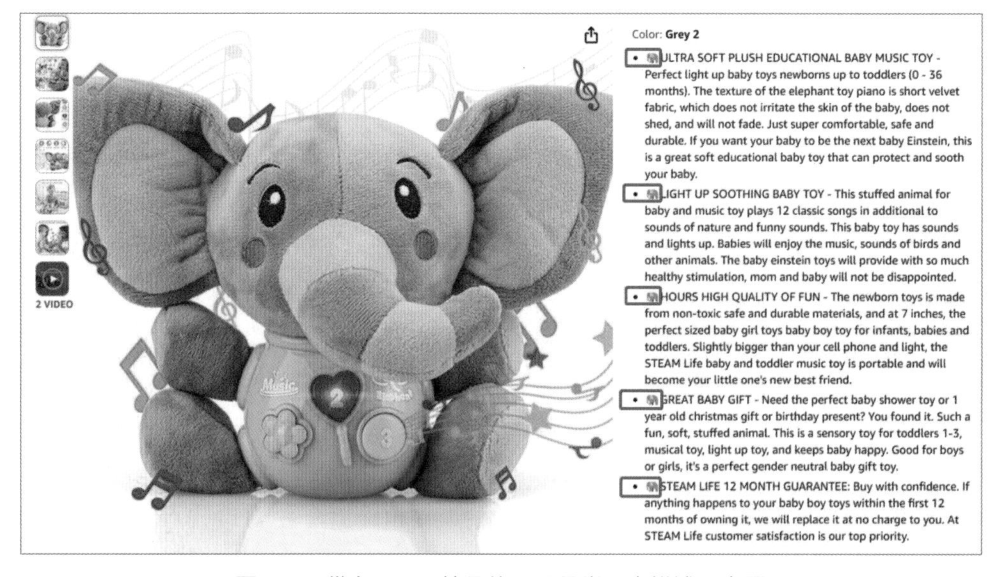

图1-2　带有Emoji符号的玩具品类五点描述示意图

在图1-2中文字主要讲了这款STEAM Life婴儿音乐玩具是一款超柔软、发光、教育性强的婴儿玩具，适合新生儿到幼儿使用。它具有安全耐用的材质和多种功能，是一款完美的婴儿礼物的选择，并享有STEAM Life提供的12个月质保。

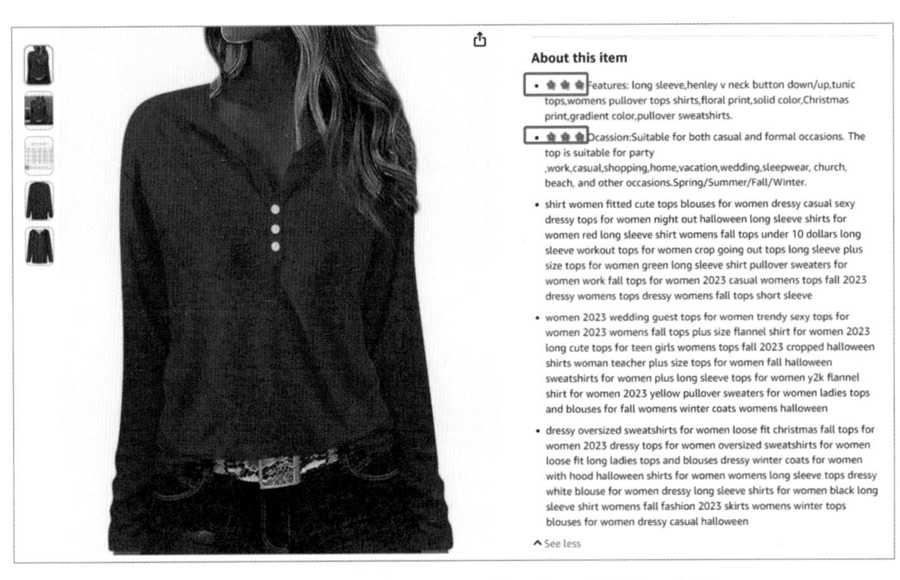

图1-3　带有Emoji符号的服装品类五点描述示意图

在图1-3中文字描述了一款女士上衣的特点和适用场合，包括了衣服的款式、适合的场合和季节，同时提到了一些潮流元素和购买衣服的价格范围。

过去大部分运营人员因为外语能力的原因，很难快速编辑出优秀的五点描述文案，但是现在随着ChatGPT相关应用工具的普及，编写高质量的五点描述、A+描述乃至标题都不再是问题，以亚马逊listing优化工具AdTron为例，输入AI工具网址后可以获得图1-4所示的界面。

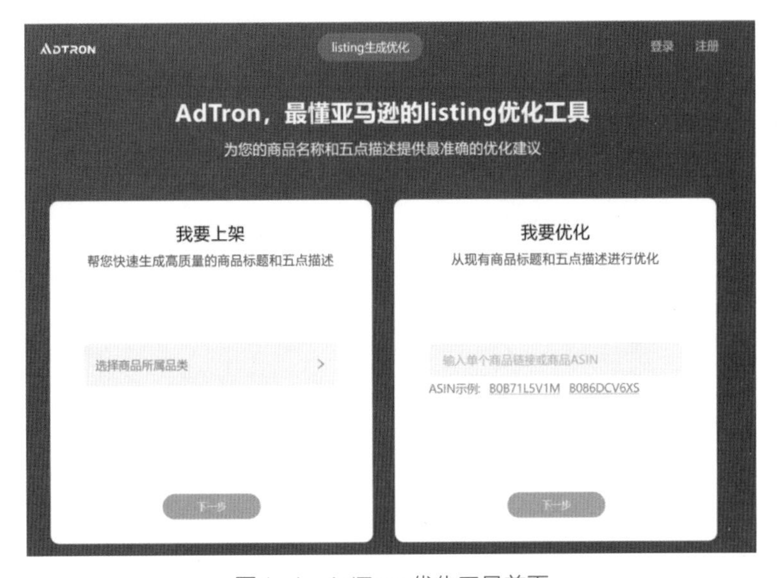

图1-4　AdTron优化工具首页

下面为运营者使用ChatGPT的文本生成功能进行文本素材创作实例。

1 在界面上选择“我要上架”，然后选择自身的品类，如图1-5展现了服装品类下Dress（连衣裙）垂直分类的选择。

图1-5 “我要上架”功能下的品类选择界面

2 点击“选好了”按钮，就会进入下一步操作，**只需要选择自身产品的相关卖点即可自动生成标题信息**，如图1-6所示。

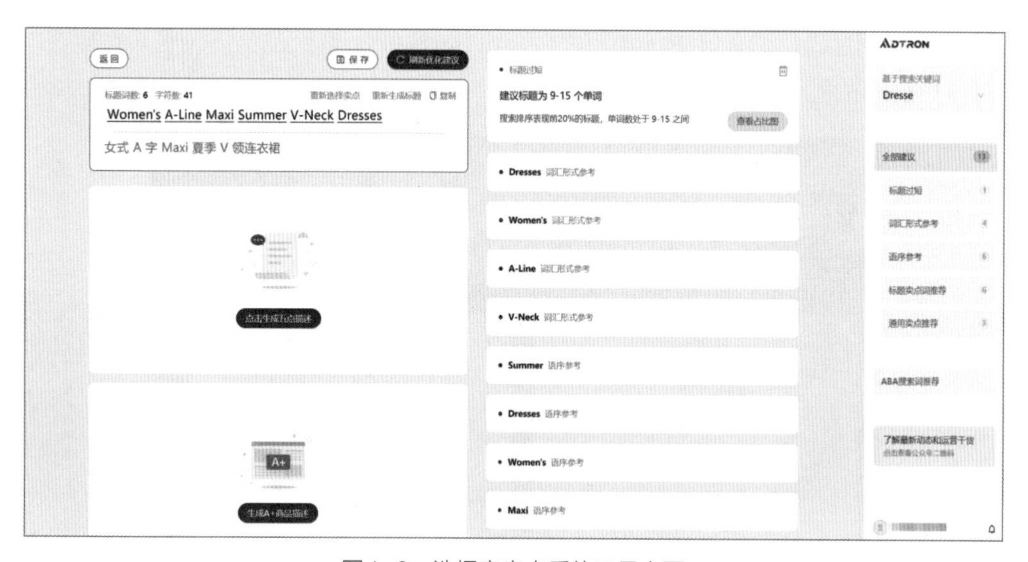

图1-6 选择完卖点后的工具主页

3 根据自己的需求，通过简单的操作生成五点描述与A+商品描述。以五点描述为例，可以单击“点击生成五点描述”按钮，然后在弹出的卖点选择框中选择适合自身产品相关的卖点，并选择想要的风格（例如本次选择带有Emoji表情的Emoji版），如图1-7所示。

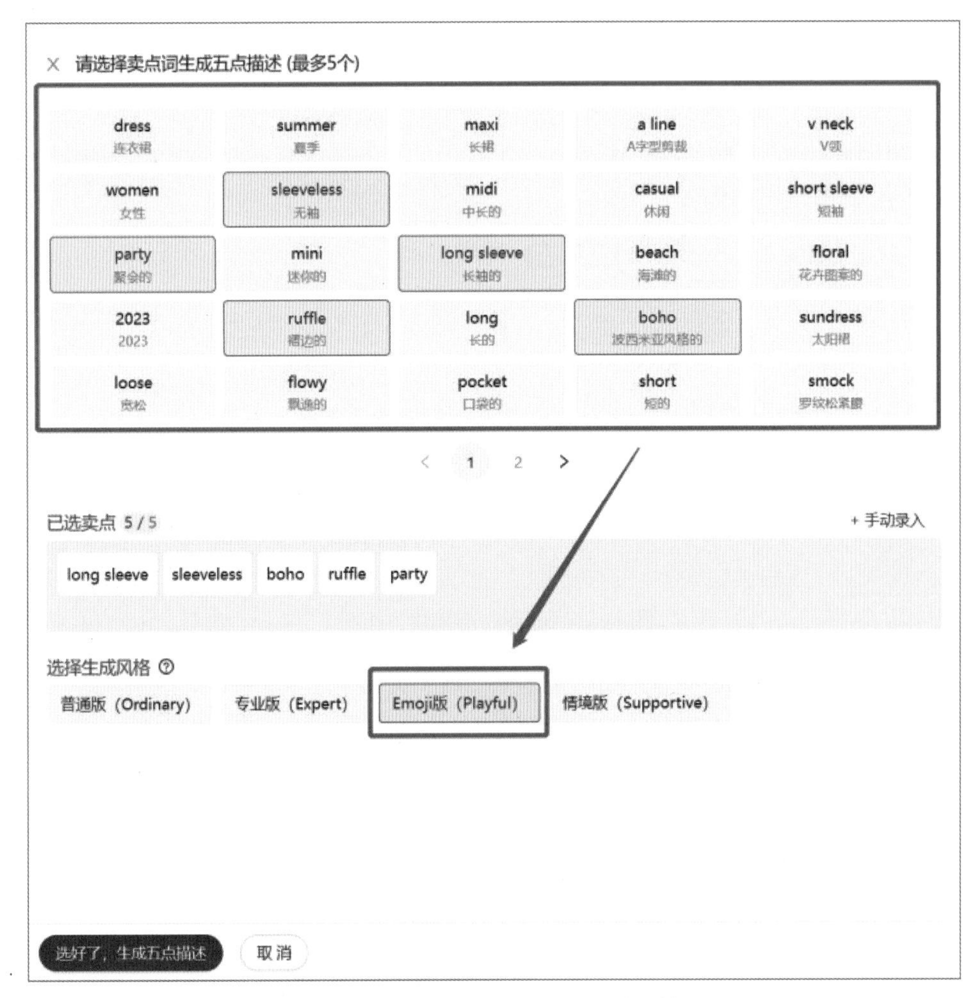

图1-7　五点描述卖点选择与风格选择

4 点击“选好了，生成五点描述”按钮，界面左方会显示生成进度的百分比，如图1-8所示。

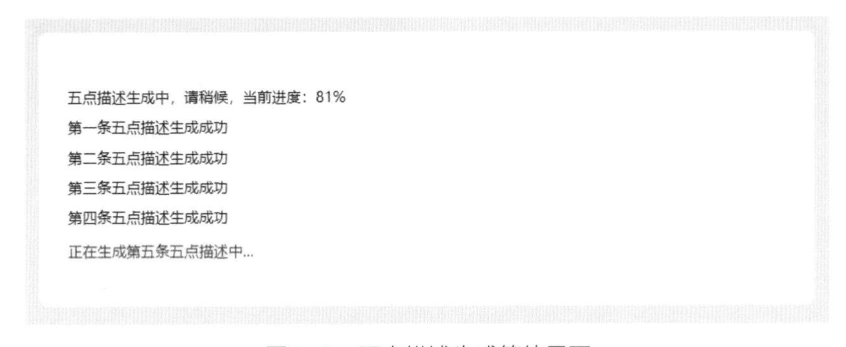

图1-8　五点描述生成等待界面

5 等待一段时间后，就可以得到ChatGPT生成的五点描述了，**如果运营者对生成的五点描述文本不感兴趣，可以点击“刷新五点描述”按钮，重新生成，**如图1-9所示。

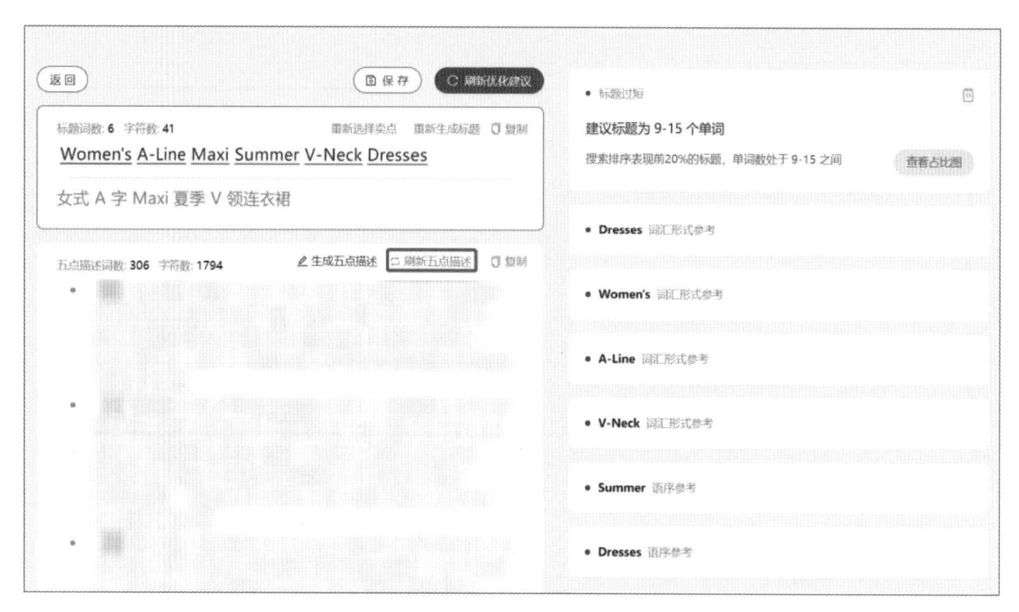

图1-9 “刷新五点描述”按钮

除了以上功能外，还可以在AdTron这款工具上优化标题与关键词，也可以通过标题卖点数据筛选对应的ABA搜索词，自行尝试，这里不赘述。

由于AdTron工具可以通过优惠码免费体验一个月，兑换优惠码需要用户先登录，登录后在图1-10中选择首页导航中的“兑换优惠码”选项，输入优惠码后，点击“立即兑换”按钮，即可兑换用户体验期限，具体操作如图1-10和图1-11所示。

图1-10 选择“兑换优惠码”选项

图1-11　优惠码输入界面

运营者如果想用GPT自定义生成五点描述，也可以参照图1-12所示的prompt（提示）进行优化和创作，这包含了两个部分，每一部分提供了生成描述文本的参数设置。

上半部分标注为“普通版（Ordinary）”，列出了生成文本的要求和参数。

包括：生成5条关于下列项目具体特征的描述性文本。每条文本应以一个特征开头，并使用同义词和拼写变体来说明该特征的好处。避免在整个文本中使用品牌名称、重复和介词。

下半部分标注为“专业版（Expert）”，列出了另一组生成文本的要求和参数。

包括：生成5条关于下列项目具体特征的描述性文本。每条文本应以一个特征开头，并使用技术细节、表格、术语和其他专业语言说明该特征的好处。避免在整个文本中使用品牌名称、重复、介词。

通过对比可以看出，普通版侧重于通用性和变异性，而专业版侧重于技术性和专业术语的使用。

普通版（Ordinary）

Generate 5 descriptive texts about specific aspects of the following item. Each text should start with a feature and then state the benefits of that feature using synonyms and spelling variations. Avoiding brand names, repetitions, and prepositions in the whole text.

参数:

"temperature": 1,

"presence_penalty": 1

专业版（Expert）

Generate 5 descriptive texts about specific aspects of the following item. Each text should start with a feature and then state the benefits of that feature using technical details, special terms, and other terminology in a professional tone. Avoiding brand names, repetitions, and prepositions in the whole text.

参数:

"temperature":1

"frequency_penalty":0.8

"presence_penalty":0.5

图1-12　生成五点描述的ChatGPT相关prompt语句

通过以上操作和工具，运营者就可以高效生成listing商品信息了。当然，AI能给运营的助力远不只上述内容这么简单，**在本书的后续章节，笔者会着重针对AI图像处理进行讲解，在此先整理了一份常用AI工具表格，大家可以根据需求进行使用，**内容如图1-13所示。

AI功能	工具名称	使用方法
图像识别	pixyle.ai	上传图片识别卖点，结合卖点标签做seo、sem关联分析
图像增强	Clipdrop	上传图片调整颜色、亮度、像素等
图像生成	Midjourney	结合图像参数和要素，通过调整生成参数得到优质图片
标题优化	微词云 AdTron	结合搜索排序靠前标题文本的分析，获取优质词性、词频、词组文本
五点描述优化	ChatGPT AdTron 文心一言	结合规则与语义要求，调整文本长度，输出具有逻辑性的描述文本
A+描述优化	AdTron	结合商品卖点，生成A+文本描述

图1-13　不同AI功能对应的工具名称和使用方法

第 2 章

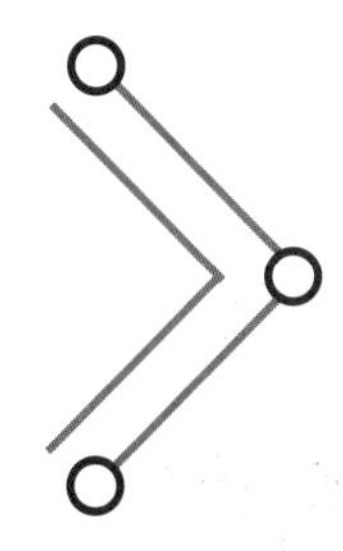

图像识别、图像增强、图像生成的业务落地场景

在AI图像领域，图像识别、图像增强、图像生成是三种经典技术，这三种技术在亚马逊跨境电商的应用也各不相同，区别如图2-1所示。

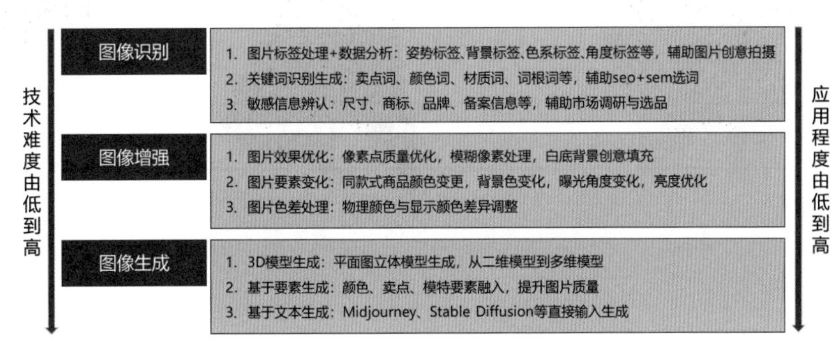

图2-1　图像识别、图像增强、图像生成的差异

在具体业务落地的时候，我们可以结合自身情况进行尝试，**例如头部品牌/公司倾向于自建团队进行落地，这是因为一方面其拥有较多的资金可以试错，另一方面也是因为自建团队有利于企业内部的数据保密。而对于中小企业/初创公司来说，用第三方工具进行AI图像技术落地是最佳的选择。**自有技术链路与第三方技术链路的差异如图2-2所示。

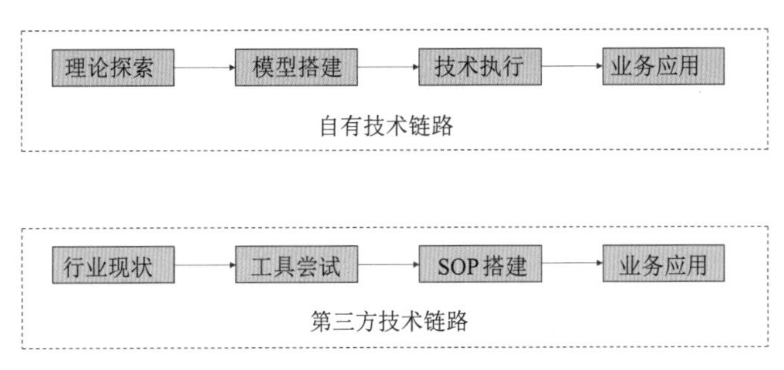

图2-2　自有技术链路和第三方技术链路的差异

在本章中，将结合三种技术领域的基础原理与业务落地场景进行阐述。

2.1 图像识别的业务落地场景

图像识别的本质是通过计算机视觉识别图片中的信息，以服装品类的姿势识别为例，计算机通过一些专业的算法识别出图片模特的姿势，以及对应的身体架构，然后再给出姿势的评估结果，其算法模型和应用如图2-3所示。

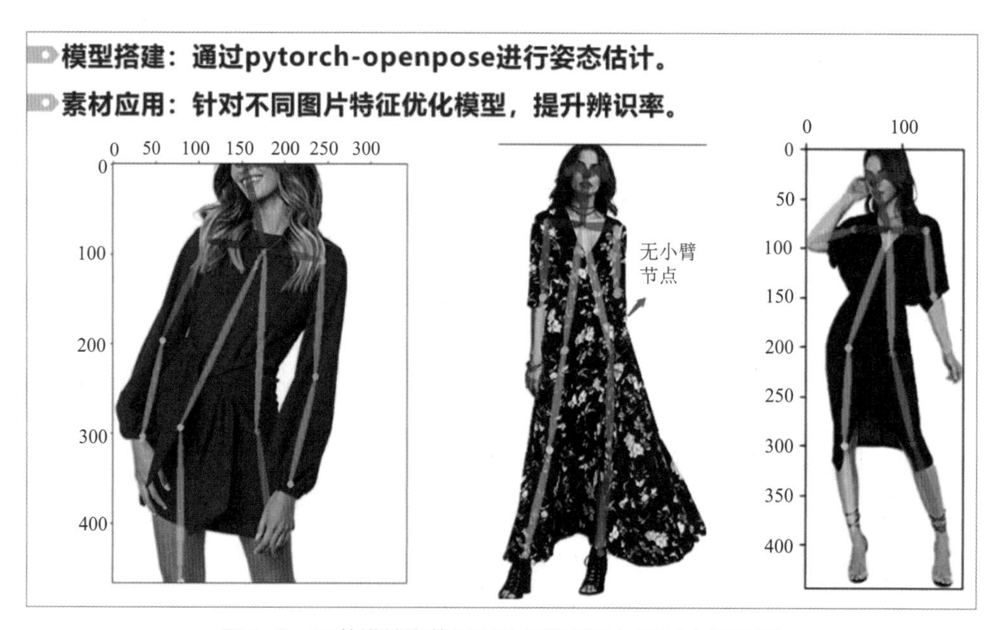

图2-3 服装模特姿势识别的模型搭建与素材应用示例

关于图像识别的应用有很多个领域，比如销售数据曲线的识别与数据提取，以及商品卖点的识别与提取等，其效果应用分别如图2-4～图2-6所示。

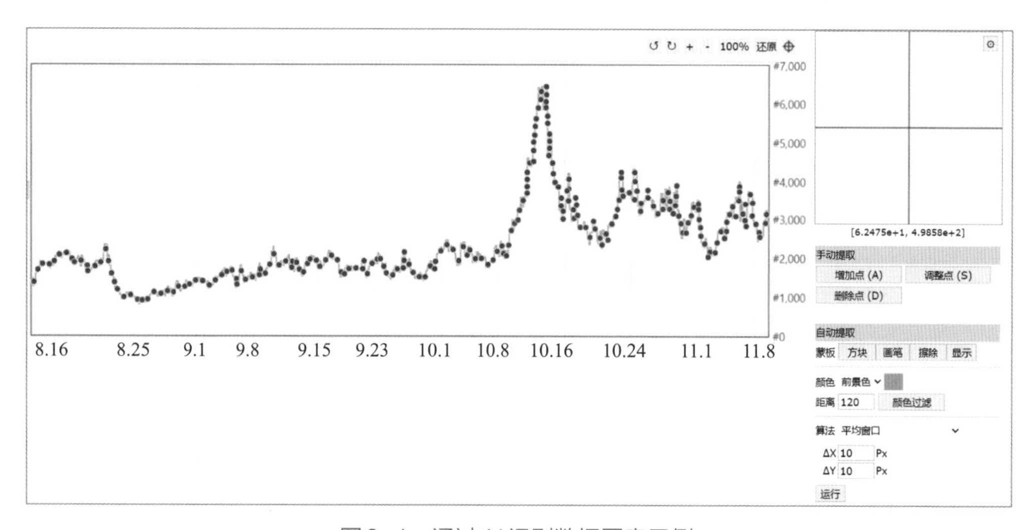

图2-4 通过AI识别数据图表示例

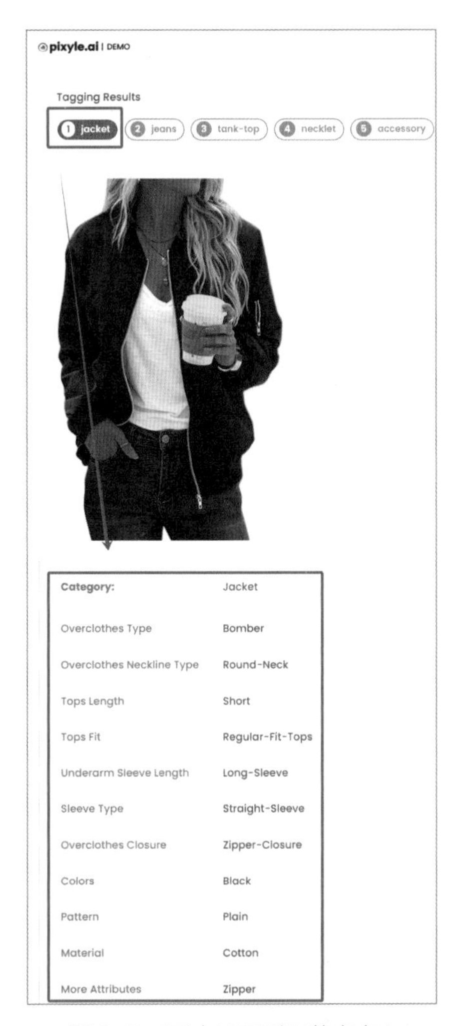

图2-5　通过AI识别服装卖点1

图2-6　通过AI识别服装卖点2

在图2-5中列出了夹克的属性，类别（Category）、外套类型（Overclothes Type）、袖口长度（Underarm Sleeve Length）、袖型（Sleeve Type）、外套闭合方式（Overclothes Closure）以及颜色（Colors）。

在图2-6中详细列出了牛仔裤的属性，Jeans（牛仔裤）、Mid-Waist（中腰）、Slim-Bottoms（修身裤腿）、Bottoms-Length-Undefined（裤长未定义）、Gray（灰色）。

2.2　图像增强在listing多变体上架中的应用

在亚马逊的运营业务中，有很多场景是运营者本身已经拥有一些内容素材，需要通过AI在这些素材的基础上进行扩充，从而满足业务目的。

以上架场景为例，有些多颜色变体的产品（例如服饰），在产品上架或者优化时，需要上传多种颜色的变体，如图2-7所示。

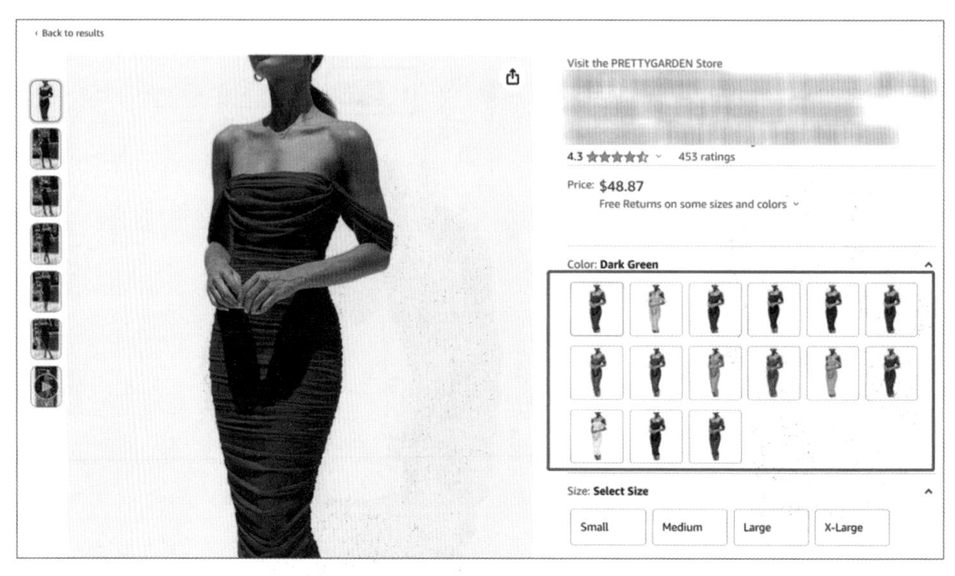

图2-7　亚马逊服装listing中的多颜色变体

在面对多颜色变体时，以前运营者的做法是通过美工配合，或者自己使用Photoshop（图形图像处理工具）软件等对图片进行后期处理，但是这样做不仅耗时耗力（图片框选、调色需要时间），而且无法对图片做更精细的修改（改背景图，调整产品展现样式等）。这些工作环节在AI工具的帮助下都可以快速实现，如图2-8所示为Clipdrop（图像识别和转换工具）对T恤产品智能换色后的效果。

图2-8　Clipdrop工具的多变体换色效果

除了多变体换色外，AI的图像增强技术还可以处理更加复杂的问题，以背景更换为例，如图2-9所示为WeShop（唯象妙境，电商产品图片的智能生成工具）修改服装图片背景后的效果。

图2-9　WeShop工具的AI图片背景处理效果

除此之外，图像增强还可以实现模糊图像素提升、模特换脸/换色、产品背景融合、商品自动抠白、背景图扩展/更换等进阶的需求，这些操作会在后续章节中进行讲解。

2.3　图像生成在 A+ 素材生成中的应用

图像生成作为本书的重点，后续章节主要围绕Midjourney和Stable Diffusion这两个工具展开讲解，其中Midjourney已经进入公开测试阶段，目前架设在Discord（一款即时通信和语言通话应用程序，用于在线社交和团队协作）上，具有灵活性高、易使用等特点。使用者可通过Discord的机器人指令进行操作，只需一些简短的文字描述或相关提示词，它便可以将使用者的想象快速转化为现实。

与Midjourney不同，**Stable Diffusion是一种深度学习文本到图像生成模型，该模型由慕尼黑大学的CompVis研究团体开发。它不仅可以用于生成逼真的艺术作品，还可以应用于图像修复、超分辨率、风格迁移等领域。在掌握了Stable Diffusion的基本应用后，即便是初学者，也能使用它将自己的无边想象力化为现实，将看似不可能的场景展现到眼前。**

关于图像生成在亚马逊运营上的应用多种多样，无论是主副图优化，还是A+素材创作，又或者视频生成，都可以帮助卖家提升自己产品的视觉效果和竞争力。

以亚马逊电商平台中“train toys（火车玩具）”为例，如果运营需要创作一个新的素材，那么首先要准备产品图、参考背景图等，如图2-10所示为“train toys”的产品图与参考背景图（没有实物商品故以亚马逊电商平台中店家图片为例），参考背景图核心点为Child（孩子）以及Christmas（圣诞）。

图2-10　亚马逊平台玩具火车的产品图与参考背景图示例

在经过Midjourney参数的设置和一些简单的图片后期处理后，运营者就可以得到图2-11所示的全新素材图（该案例为本书后续章节的实操案例之一，具体操作方法可以参考后续对应章节）。

图2-11　由Midjourney生成的全新素材图

可以发现生成的新图片无论是图像质量，还是产品融合度，都表现非常出色，**在过去原本需要运营+美工+摄影师+模特才能完成工作，如今只要灵活使用AI工具即可实现。**

2.4　图像识别在亚马逊运营领域中的应用

2.4.1　listing 销售数据曲线的识别与数据提取

在亚马逊电商运营工作中，查询竞争对手的历史数据属于日常的工作之一，同时有许多工具可以提供历史数据查询的功能，例如Keepa（一个提供亚马逊产品价格跟踪和历史价格的插件工具）、Helium 10（一款为亚马逊卖家提供支持的软件工具）、卖家精灵等，如图2-12所示就是一款相机产品在Keepa工具中的销售曲线图。

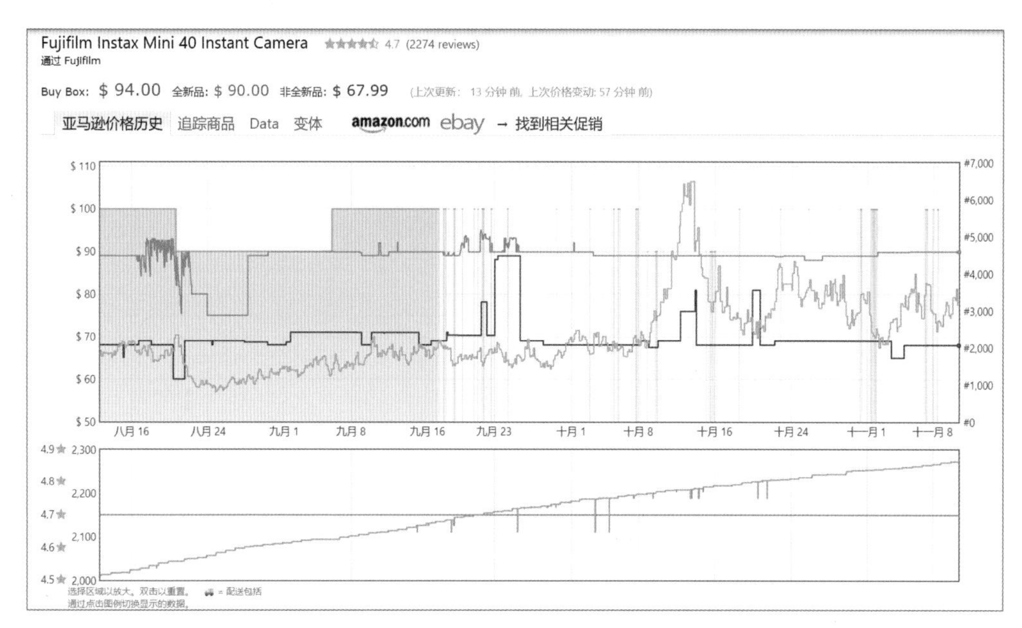

图2-12　Keepa工具中展现的销售曲线图

在图2-12中，Keepa工具中不同颜色的线条代表了不同数据的历史波动信息，而如果要查看具体某个时间点的精准数据，可以移动鼠标到图表中显示精准数据，如图2-13所示。

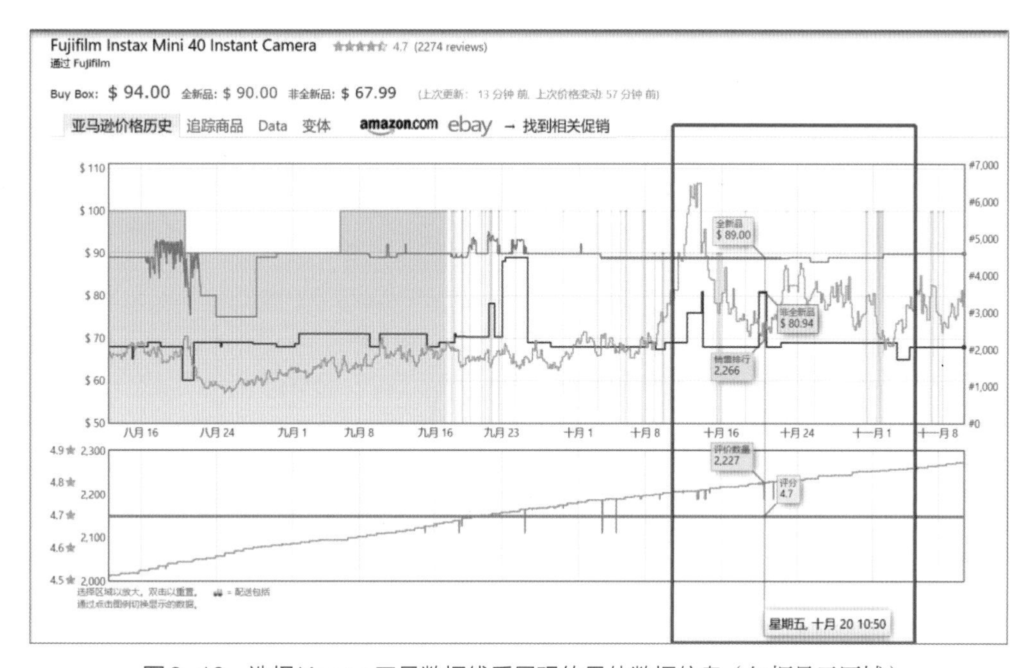

图2-13　选择Keepa工具数据线后展现的具体数据信息（红框显示区域）

类似于Keepa这类工具服务商为了防止爬虫数据外泄，用户在产品界面上无法直接下载相关数据，只能通过BI平台（business intelligence platform，是一种用于收集、整理、分析和展示企业数据的软件工具）去浏览和查看，但对于需要下载数据进行分析的运营者而言，这远远无法满足需求。下面将**介绍如何通过AI图像识别的能力对图表数据进行识别与下载。**

在进行数据识别之前，要对数据类图片进行处理，这里主要分为两个步骤：第一，剔除图表中的无关信息；第二，截取高清图片。

1 剔除图表中的无关信息。如图2-14所示的Keepa工具图表包含了销售排行、Amazon、全新品数据等多种信息。

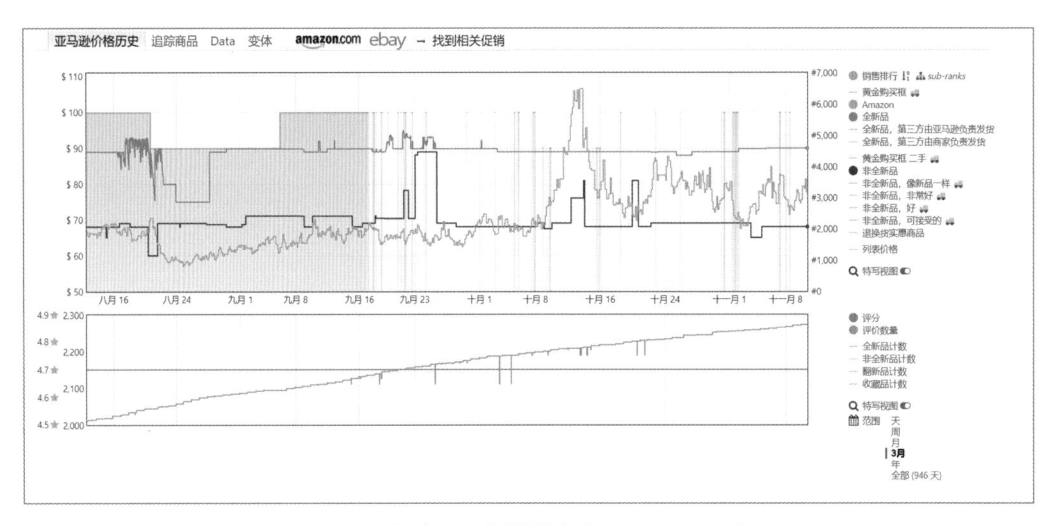

图2-14　包含多种数据维度的Keepa工具图表

2 可以点击图表右边的数据栏，挑选自己想选择的，假设现在要识别“销售排行”数据，可以把其他无关数据进行剔除，如图2-15所示。

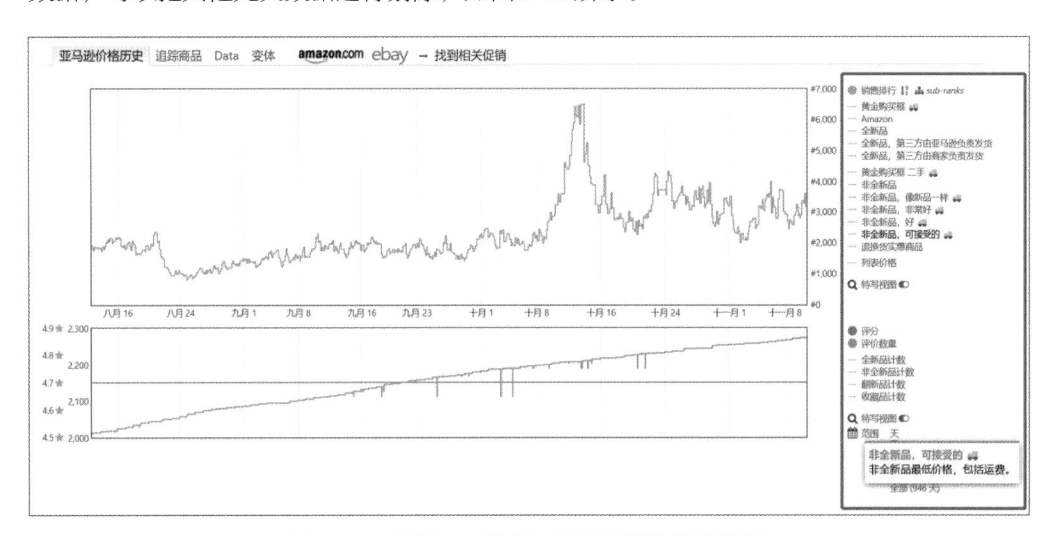

图2-15　剔除无关数据，只保留销售排行数据

3 将需要图像识别的区域进行截图，可以使用微信PC端的截图方式（快捷键【Alt+A】），也可以使用Windows系统自带的截图方式（按【Win+Shift+S】组合键），截取的图片如图2-16所示。

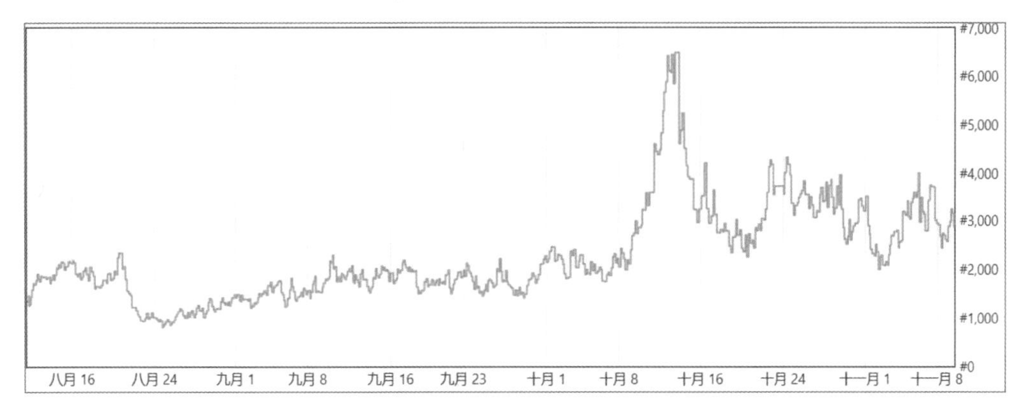

图2-16　截取的Keepa工具中销售排行数据（绿色线条表示了销售排行的波动）

4 将上述图片保存到本地电脑，使用WebPlotDigitizer工具提取数据，产品界面如图2-17所示。

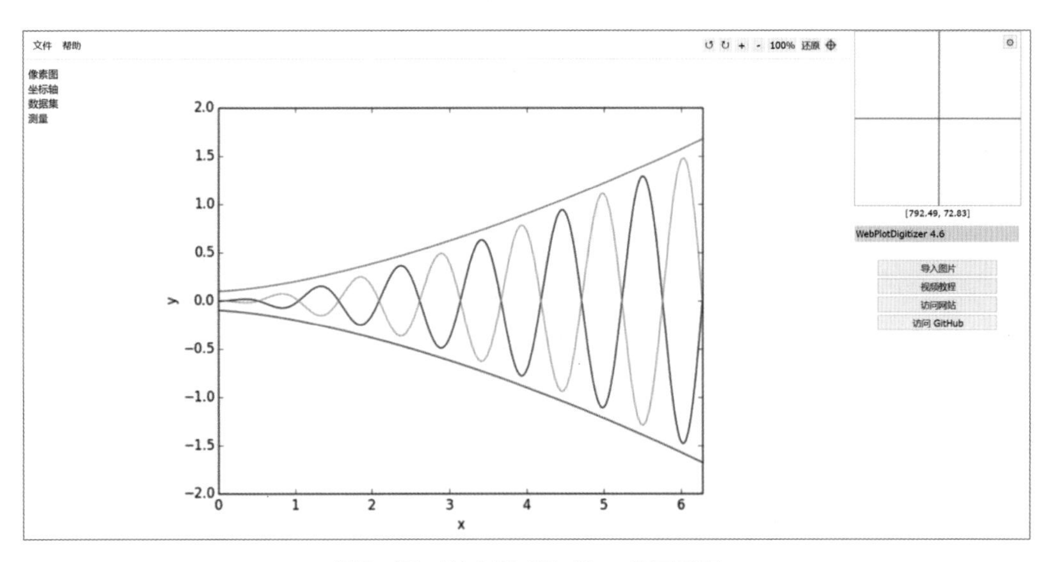

图2-17　WebPlotDigitizer工具界面

接下来讲解利用WebPlotDigitizer工具对图片中的数据进行提取。

1 点击工具右侧选项栏的“导入图片”按钮，然后在弹跳出的窗口中点击“选择文件”按钮，如图2-18和图2-19所示。

2 将原本保存的截图上传到工具中进行识别，此时将上文中提及的截图保存在桌面，并命名为“销售排名数据”，如图2-20所示。

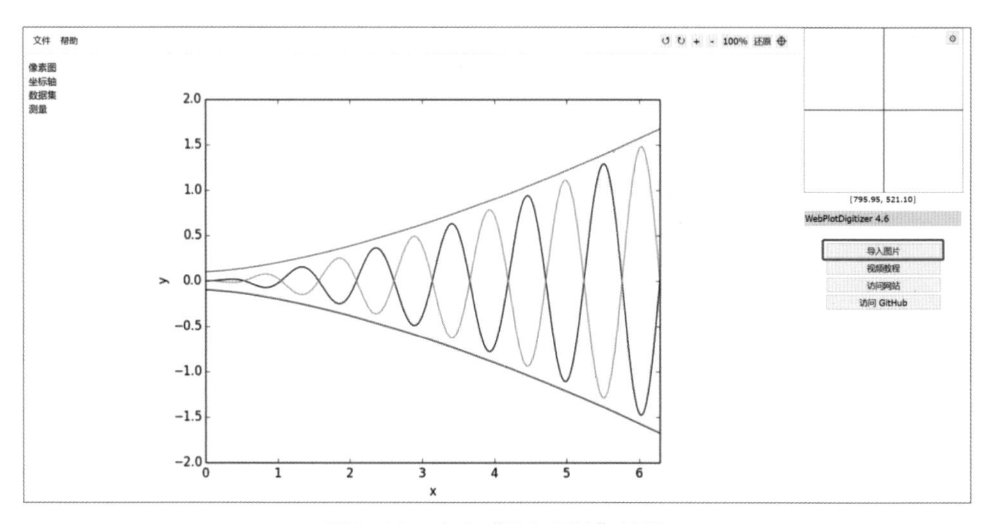

图2-18　点击“导入图片”按钮

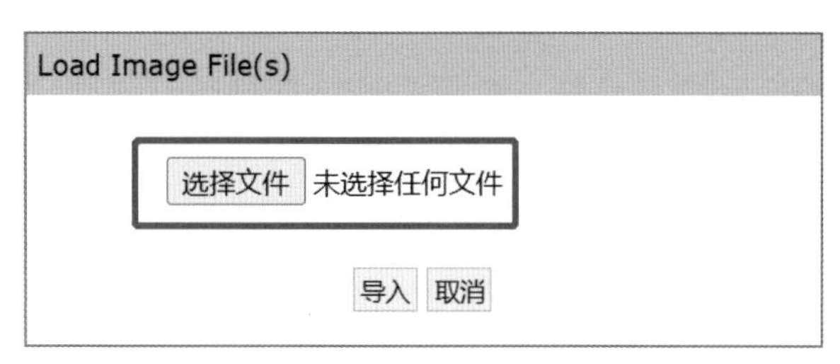

图2-19　“选择文件”按钮

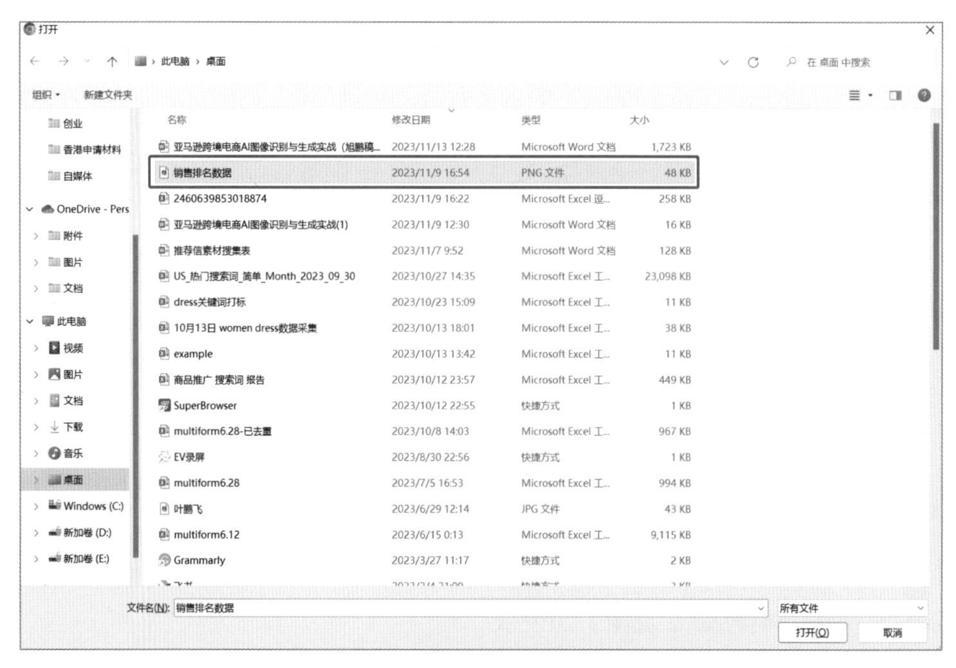

图2-20　保存“销售排名数据”

3 上传图片后，WebPlotDigitizer工具会弹出一个新的选项框，可以根据不同的图片类型进行选择。一般而言，**大部分亚马逊业务相关的图片都属于二维平面图，例如排名波动图、订单波动图、广告报表图等，都属于这个范畴，因此可以直接默认选择第一类，如图**2-21所示。

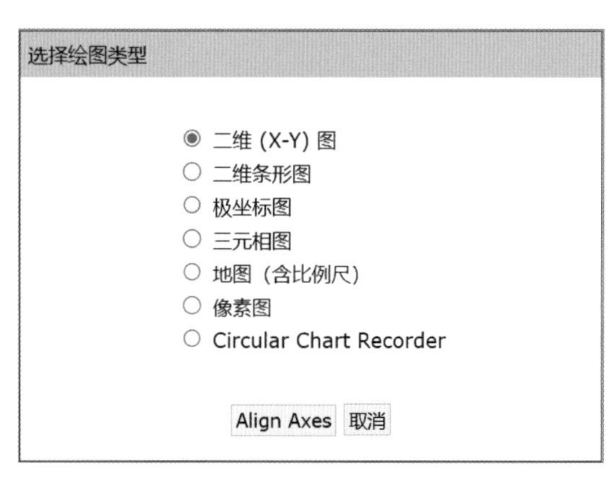

图2-21　选择绘图类型

4 **选择图表类型后，WebPlotDigitizer工具需要手动标注图片上的关键点**，从而帮助AI在识别图片数据的时候可以更精准地提取数据，其标注的效果如图2-22所示。

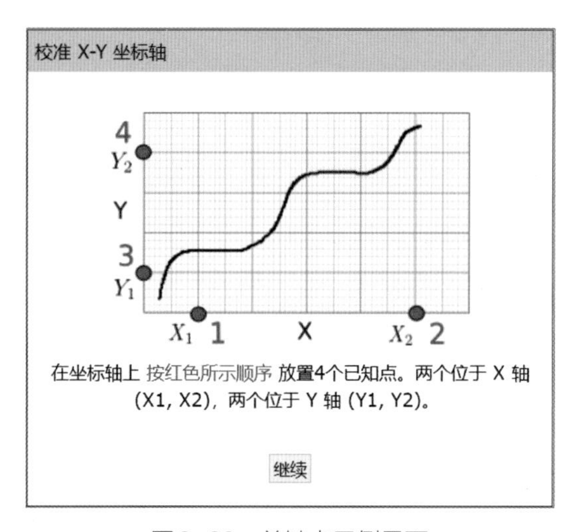

图2-22　关键点示例界面

图中标注了4个关键点，并用数字1～4进行表示，其中“1”号位代表了横坐标轴即*x*轴的第一个关键位置，“2”号位代表了横轴即*x*轴的第二个关键位置，“3”号位代表了纵坐标轴即*y*轴的第一个关键位置，“4”号位代表了纵轴即*y*轴的第二个关键位置，可以点击“继续”按钮开始标注图片。

一般而言，**可以把“1”号位标注在*x*轴最左端，“2”号位标注在*x*轴最右端，“3”号位标注在*y*轴最下端，“4”号位标注在*y*轴最上端**，如图2-23所示。

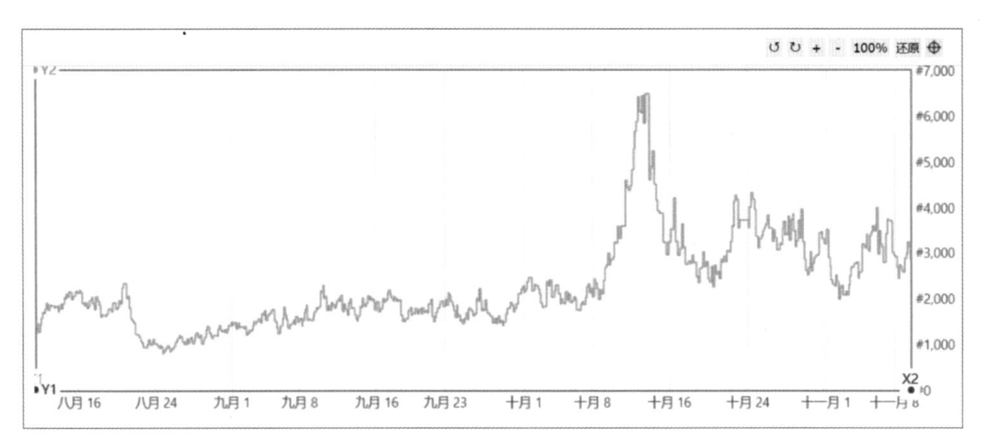

图2-23　4个关键点的标注位置（红色点标注）

5 完成关键点的标注后，可以在界面右侧点击“完成”按钮，如图2-24所示。

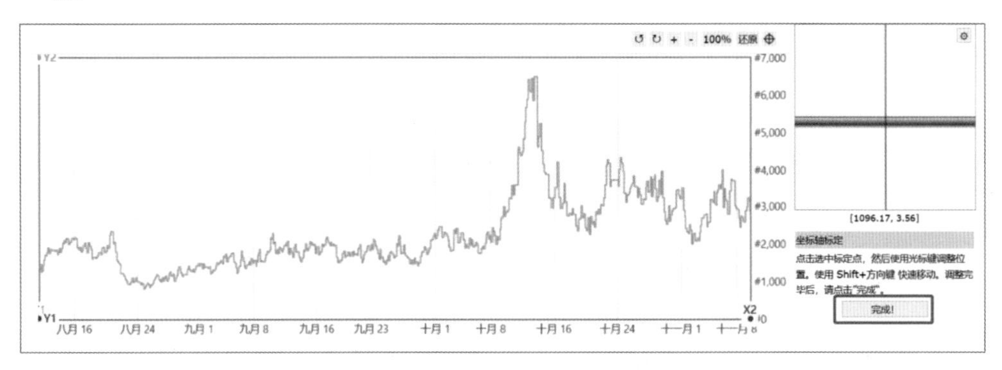

图2-24　完成标注后，点击“完成”（红框标注）

6 设定x轴和y轴不同关键点对应的数据，由于在示例中筛选的是90天中某个产品的销售排名波动，所以可以把x轴的标定点1（横坐标轴最靠左侧的点）设置为0，把x轴的标定点2（横坐标轴最靠右侧的点）设置为90（表示90天），把y轴的标定点1（纵坐标轴最下方位置的点）设置为0，y轴的标定点2（纵坐标轴最上方的位置的点）设置为7 000（截取图表中排名的最大值为7 000），设置完成后的界面如图2-25所示。

X 和 Y 轴标定

分别输入 X-轴上的两个标定点的 X-值和 Y-轴上的两个标定点的 Y-值

	标定点 1	标定点 2	对数刻度
X-轴:	0	90	☐
Y-轴:	0	7000	☐

☐ Assume axes are perfectly aligned with image coordinates (skip rotation correction)

*对于日期，使用 yyyy/mm/dd hh:ii:ss 格式，其中 ii 表示分钟（例如 2013/10/23 或 2013/10 或 2013/10/23 10:15 或者只有 10:15）。对于指数，例如10^-3，请输入 1e-3。

确认

图2-25　x和y轴数值标定设置界面

7 完成设置后，点击“确认”按钮，可以得到如图 2-26 所示的界面。

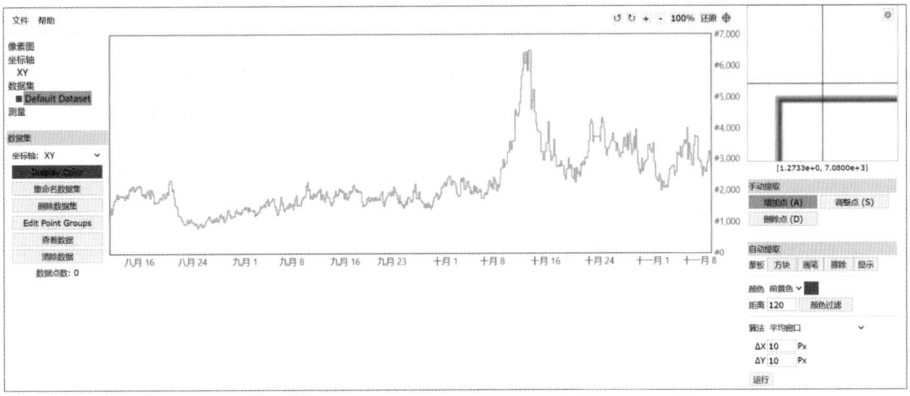

图2-26　完成数值标定设置后的界面

8 设置图中曲线的颜色，从而帮助 AI 识别图片并提取数据，这里简单的设置方法就是直接将右侧“蒙版”中的“颜色 - 前景色”设置成与图中一样的浅绿色，如图 2-27 所示。

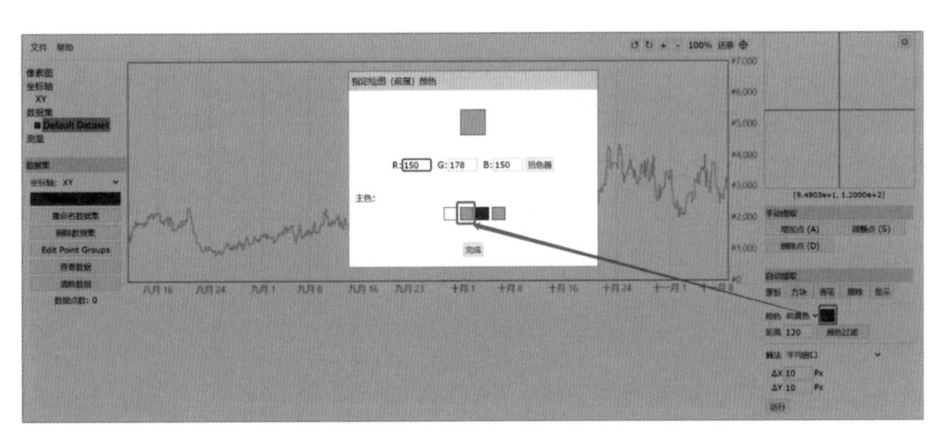

图2-27　将右侧“蒙版”中的“颜色 - 前景色”设置成浅绿色（图中数据线也为浅绿色）

9 点击“完成”按钮后，前景色就被设置成浅绿色，如图 2-28 所示。

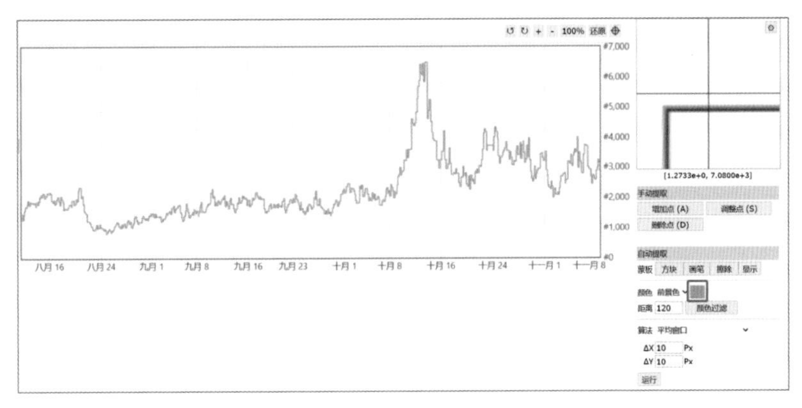

图2-28　前景色变成浅绿色（红框标注）

10 使用色块来指定工具识别数据的区域，这里推荐使用“方块”来划定区域，其操作链路如图2-29所示（只需要在图片中用方块框选范围即可）。

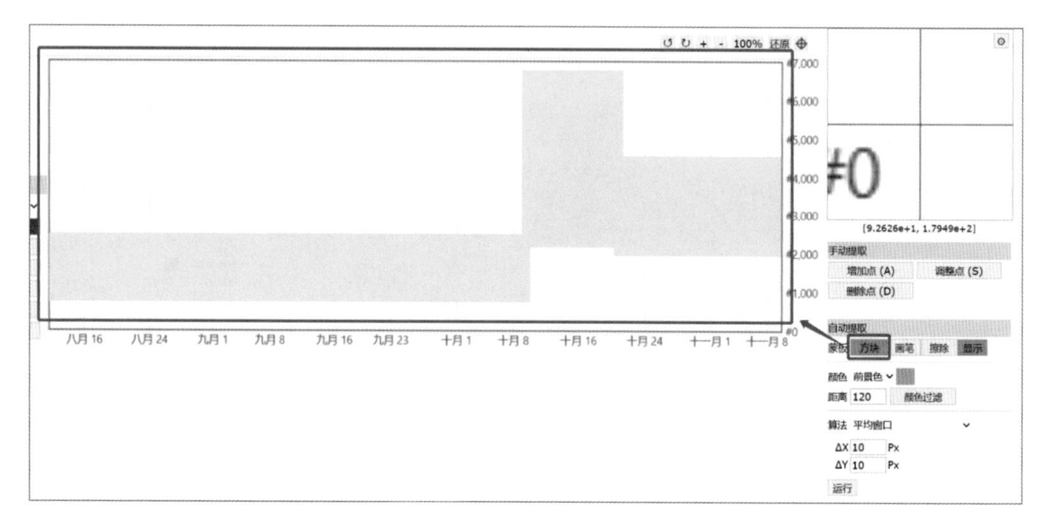

图2-29　用“方块”来框选识别区域

11 点击右下角的“运行”按钮，如图2-30所示。

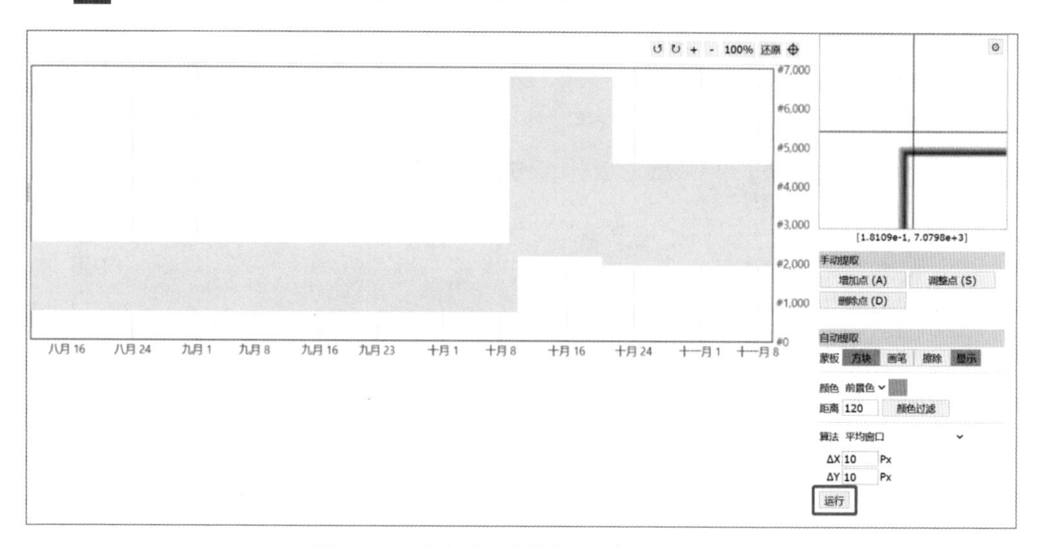

图2-30　点击“运行”按钮（红框标注）

之后就可以看到AI在图片中识别出的数据点，其中红点部分就是识别的数据点，如图2-31所示。

为了进一步对数据进行分析，可以在左侧菜单栏中点击“查看数据”按钮，并在弹跳出的窗口中点击“下载.CSV文件”按钮，如图2-32所示。

打开下载的数据文件，可以得到两列数据，其中第一列是横坐标轴即*x*轴的数据，第二列是纵坐标轴即*y*轴的数据，如图2-33所示。

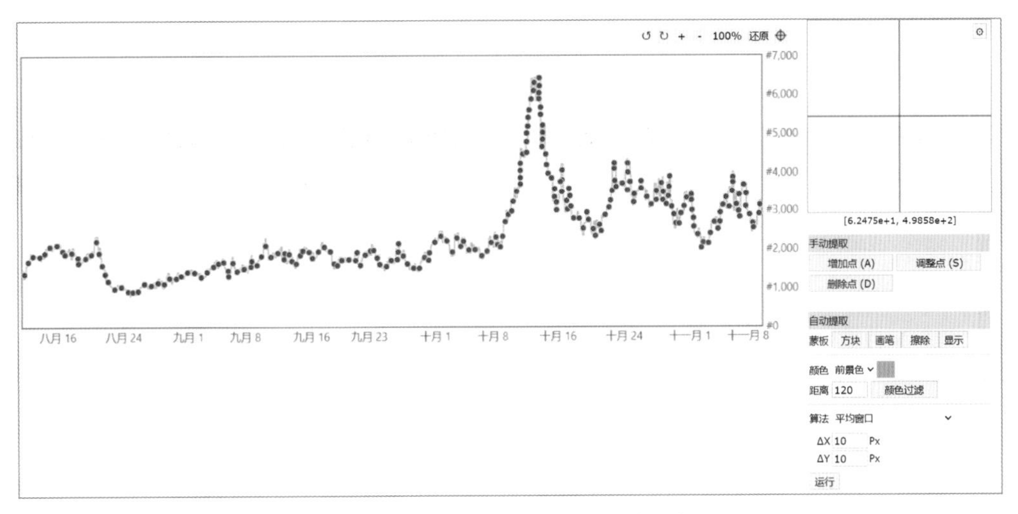

图2-31　完成数据点识别后的图表

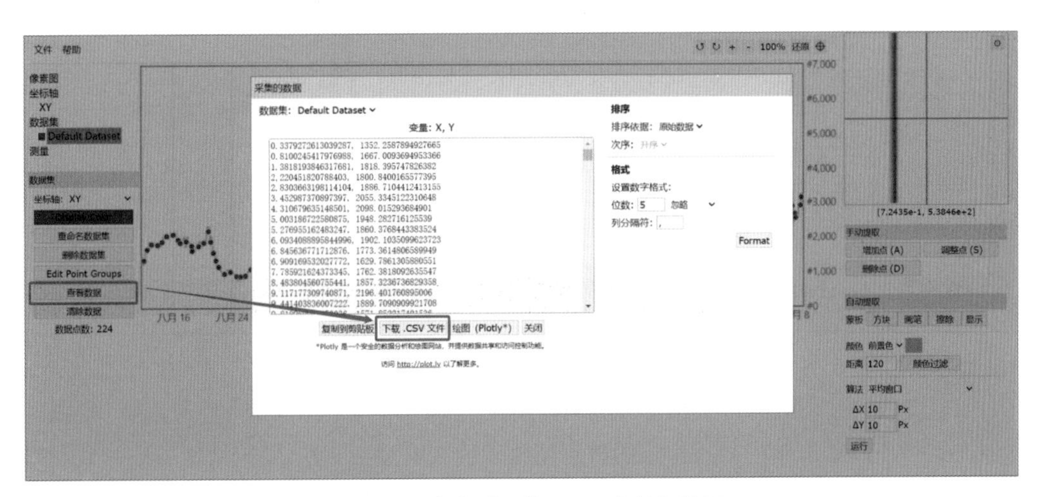

图2-32　点击“下载.CSV文件”按钮

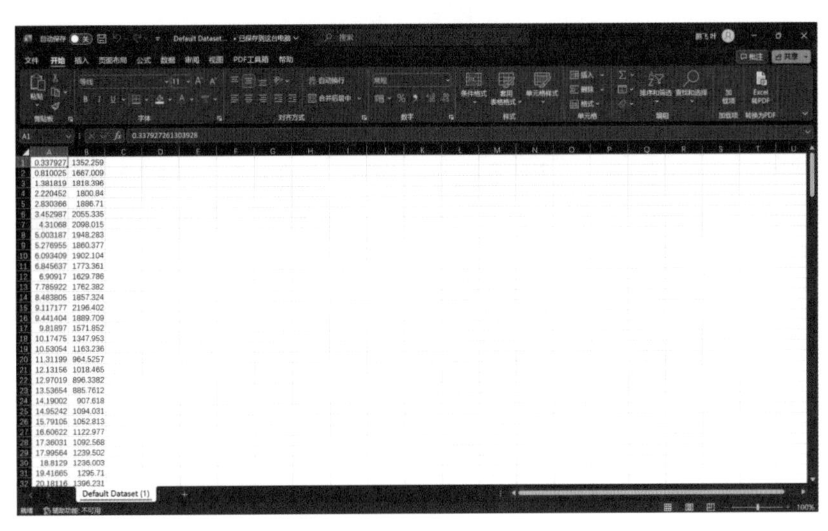

图2-33　下载的CSV文件打开界面

可以尝试使用Excel自带的图表生成功能，来判断数据的精准度，例如使用散点图生成的图和原本真实的销售波动图做对比，如图2-34所示。

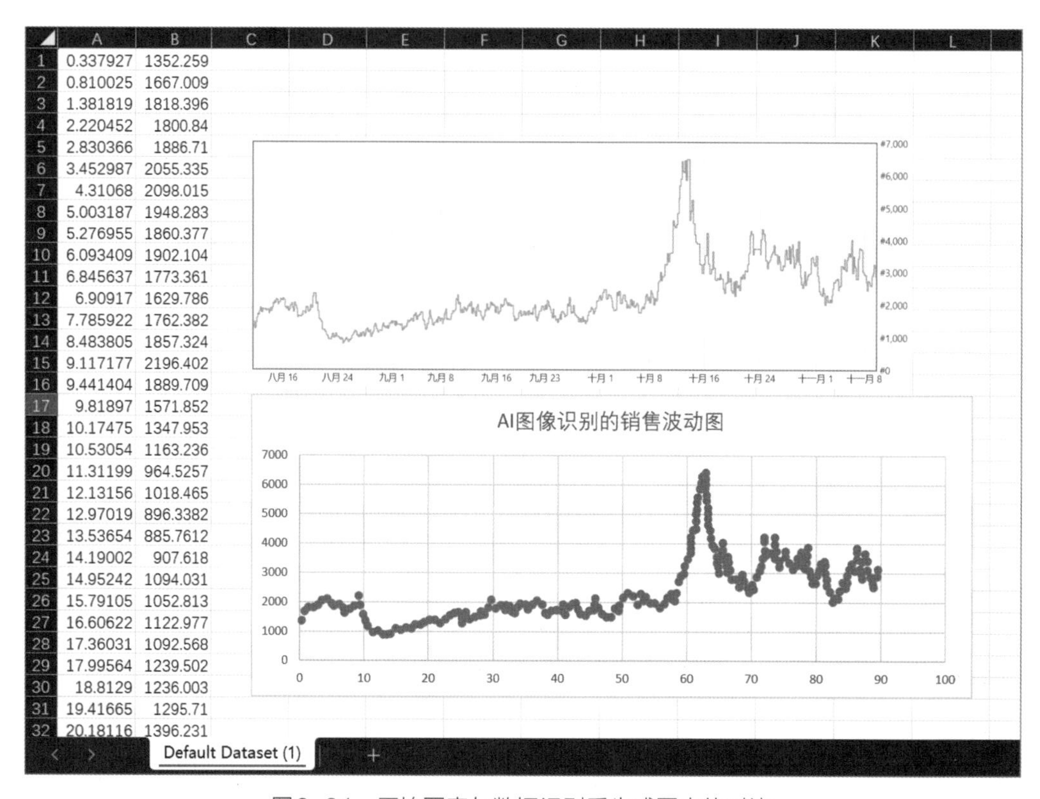

图2-34　原始图表与数据识别后生成图表的对比

在图2-34中，上方第一张图表是原本的销售波动图（绿色数据线），下方第二张图表是Excel中根据AI识别的数据生成的散点图（蓝色数据点），可以发现两图的整体数据趋势接近一致，波动幅度与范围也并无差异，因此使用WebPlotDigitizer工具可以帮助运营者快速采集图表数据，并辅助业务进行数据分析。

2.4.2　商品图片卖点的识别与关键词提取

在亚马逊跨境电商平台上销售产品的前提是可以获知产品的卖点，因为运营者需要将卖点编辑成外语（如英语、日语等）信息上架进行销售，而很多非标准品（例如服装）的卖点对于新手运营很难识别，这时可以通过AI工具辅助运营进行识别，从而提升卖点关键词的精准度和listing编辑效率。

在本小节中，将使用Pixyle.ai工具，结合服装品类进行讲解，其界面如图2-35所示（图中界面显示：上传图像并自动生成丰富的标签）。

Pixyle.ai工具是针对服装品类的，可以自动识别服装的款式、卖点、材质、颜色等信息，其操作方式也比较简单。

1 在亚马逊平台挑选一个需要通过AI工具识别的服装，如图2-36红色方框所示的产品。

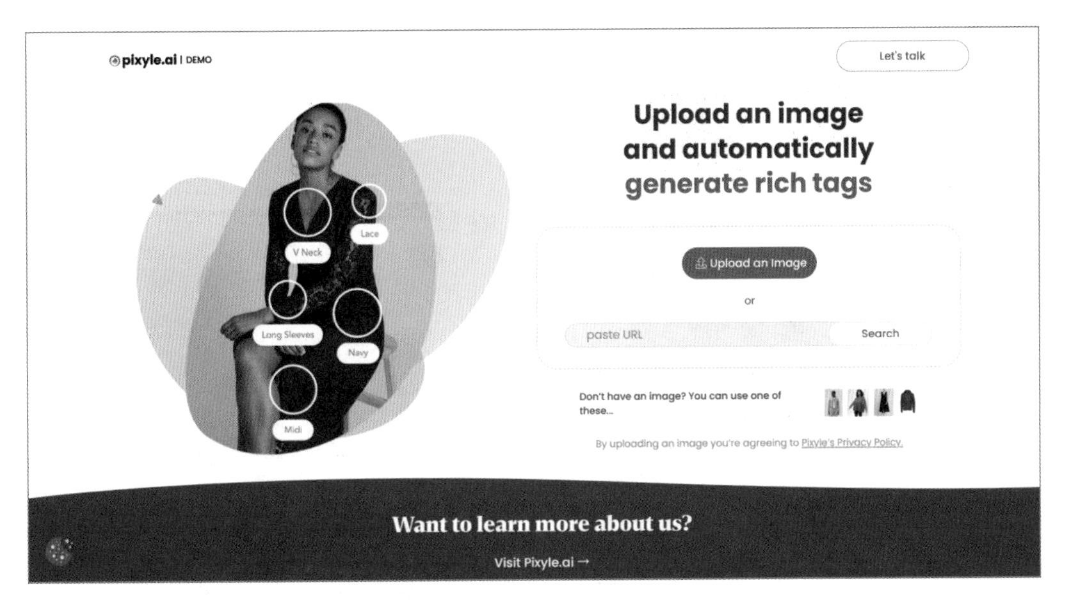

图2-35　Pixyle.ai工具主页

图2-36　亚马逊女装品类中的产品示例（红框标注）

2 用截图工具把该产品的图片保存到本地（图片的截取和保存方式在前面内容中已经介绍，此处不赘述），为了确保图片的清晰度，运营者可以在listing商品信息页面对图片进行截取和保存，如图2-37所示。

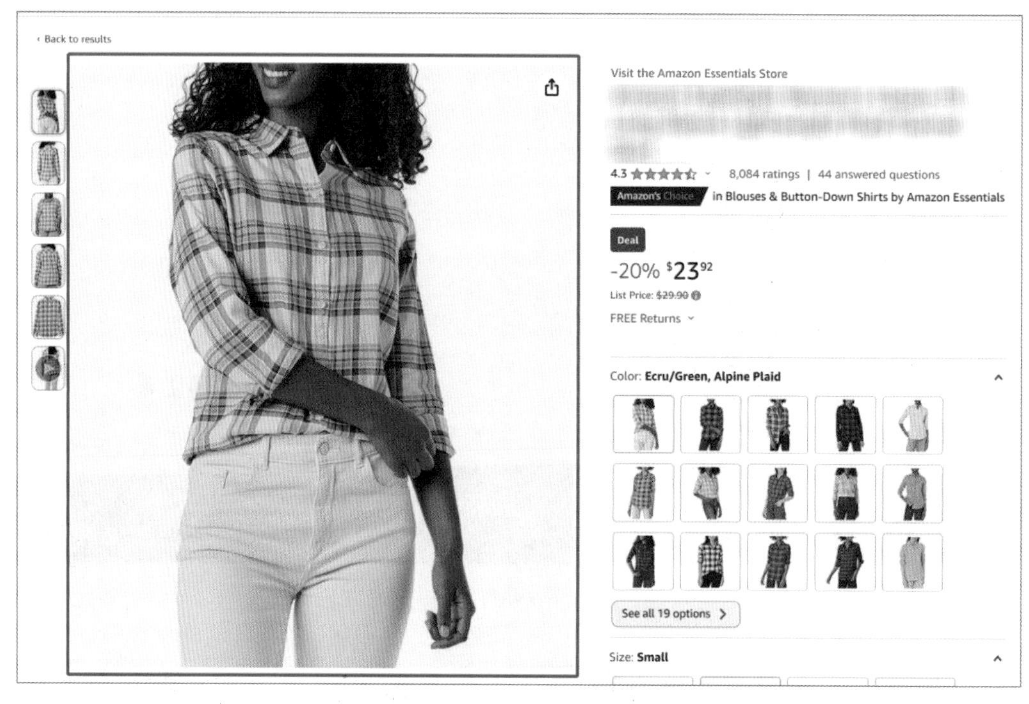

图2-37　listing页面截取高清图像

3 截取图片后，在浏览器输入网址（工具链接可以联系公众号获取），进入工具页面，然后点击“Upload an image”（上传一张图片）按钮，在弹出的选项框中选择截图的图片，并点击“打开”按钮上传，如图2-38、图2-39所示。

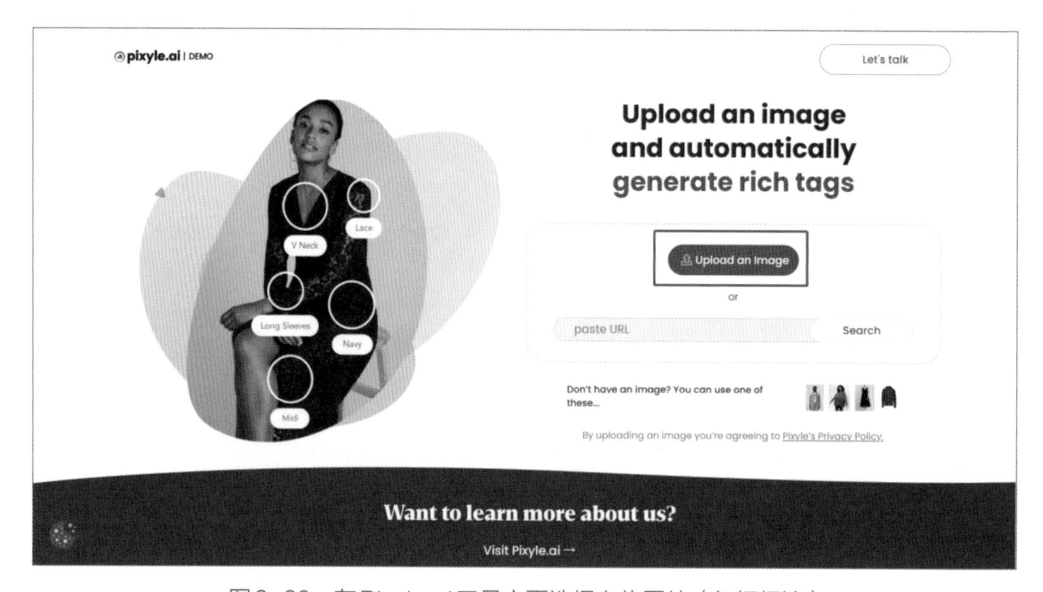

图2-38　在Pixyle.ai工具主页选择上传图片（红框标注）

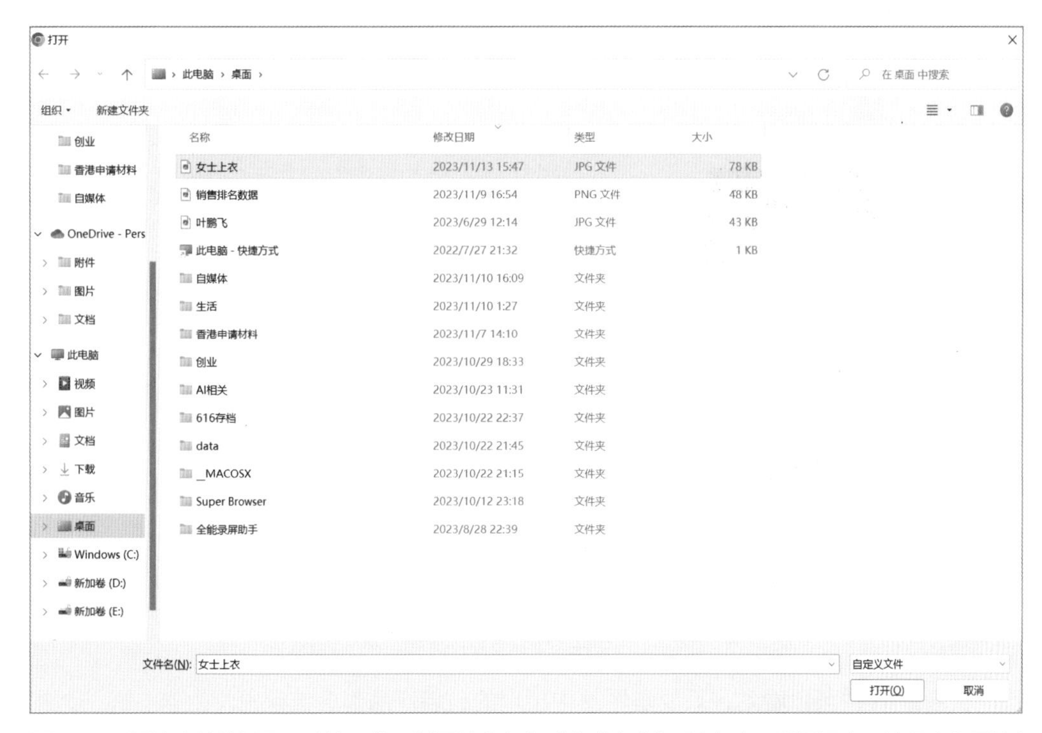

图2-39　图片素材选择界面（这里将示例图片命名为“女式上衣”，读者也可以根据实际情况命名图片）

4 完成上传后，Pixyle.ai工具界面会显示一个读取的进度条，如图2-40所示。

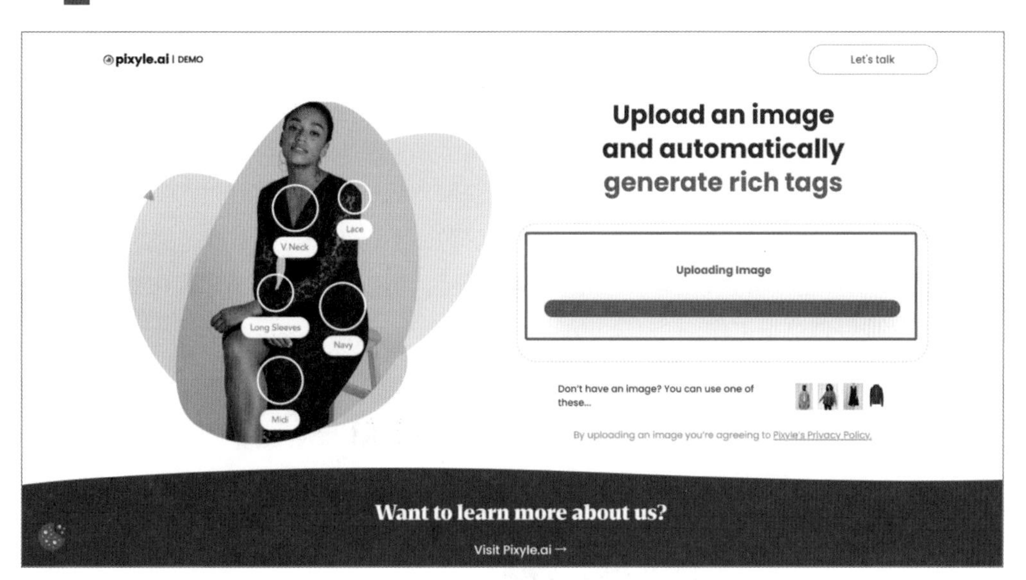

图2-40　Pixyle.ai读取图片进度条（红框标注）

5 文件上传完成，Pixyle.ai就会结合图片中的服装信息，进行数据分析，并将分析的结果推送给用户，其界面如图2-41所示。

图2-41　Pixyle.ai工具识别出的服装产品信息界面

从图2-41中可以看到，只要是图片中出现的服装产品都会被识别（上衣、裤子、裙子等），并且该产品的各类卖点信息会被精准地分析与识别（颜色、款式、纽扣样式、袖子长短等），这个工具非常适合服装品类卖家进行精细化运营管理并且提高工作效率。

2.5　图像增强在亚马逊运营领域中的应用

在亚马逊跨境电商运营流程中，图片一般属于独立的一环，需要有摄影及美工团队提供配合。在实际业务场景中，运营需要快速获取市场反馈而对图片进行调整，但由于资源或者沟通等问题，常会因为无法获得足够资源而不得不放弃对非重点商品链接的优化。此时利用AI图像增强等工具，**如图2-42所示，可以显著提升图片优化效率，帮助运营更高效地处理这类工作。**

图2-42　部分AI图片优化工具

在生成式AI爆发之前，市面上已经出现了如Photoshop等许多图像编辑软件工具，但大多需要操作者熟练掌握相关技能，才能适应电商场景下的具体需求。下面将针对具体问题，介绍一些适合运营的AI工具和效果。**需要说明的是，因为电商场景下买家对商品图片真实性的要求，在实际的业务场景中AI图像增强仍然是作为辅助存在。在一些AI工具使用过程中，还是要以产品实物为参考由美工进行反复调整为主。**但随着技术的快速发展，相信现在尚存不足的问题将很快会得以解决。

2.5.1　模糊图像素提升

图片是电商产品展示的核心，要想完成转化，第一步就是让买家清晰地看到图片中产品的细节。一般来说，像素越高，图片越清晰。比如当说某摄像头有2 000万像素时，实际是指其拍摄出来的图片总共包含2 000万个像素点。**亚马逊平台图片大小在1 000×500像素以上，图片在长度方向上有1 000个像素点，在宽度方向上有500个像素点，总数就是1 000×500＝50万个像素。也就是说，在单位面积上像素点越多，图片就越清晰，通常用dpi（dots per inch，每英寸像素点数）来进行表示。**因为人的眼睛能够识别的dpi上限在300左右，所以只要保证图片在300 dpi以上，就相当于买家清晰地看到了商品，如图2-43所示。

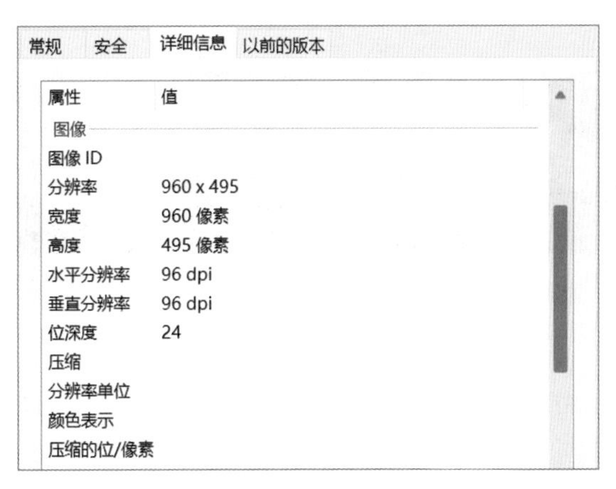

图2-43　亚马逊平台PC端某商品主图参数

然而，不论在后台上传多么清晰的图片，在前台进行展示时，亚马逊平台都会对图片进行压缩，压缩后的图片水平分辨率和垂直分辨率均为96 dpi。虽然卖家的图片在像素层面被亚马逊平台强行拉平了之间的差距，但这并不意味着图片的清晰度没有提升的空间。比如图2-44所示的这组细节图。**二者虽然像素和尺寸一致，但直观上右侧的图片明显要比左侧的更清晰。这是因为右侧图片进行降噪处理，使得裙子面料质感看起来更加细腻。**

噪点（noise）是一种在图片中亮度或颜色信息的随机变化，常在数码格式图片的拍摄、压缩、处理等过程中产生，噪点过多会直接影响图片的成片效果，在图片画幅和像素点限制的情况下，要想提升清晰度，就需要对图片进行降噪处理，如图2-45所示。

图2-44　图片降噪效果对比

图2-45　图片不同的效果展示
（分别为：AI超级放大、AI图像锐化、AI图像去噪、AI人像增强、AI晚间场景优化、旧照片修复和增亮）

在Photoshop中，通过滤镜或者锐化等操作也可以提升清晰度，但操作比较复杂。利用AI工具，运营人员可以在几秒内实现类似效果。

需要注意的是，降噪后图片的细节会有一定的损失。对于降噪功能的使用，不能一味追求更好的视觉效果，还需要参考产品真实的观感。

2.5.2　商品自动抠白

根据亚马逊平台要求，商品主图背景色一般为纯白色（即RGB：255，255，255）。在拍摄时可以选择白色背景板，保证产品占整张图片的80%，方便后期进行调整。虽然在商品上架时都会准备多张图片，包括产品整体图、场景图、细节图、信息图等，但在用户搜索时首先看到一张主图，因此对其进行优化格外重要。

亚马逊虽然要求白色背景的主图中只能包含销售的商品本身，但对于一些特定类目的产品而言，运营者也可以通过分析市场和产品特点，设置更符合用户潜在需求的主图，从而在前期获得点击曝光的优势。

举例来说，在进行主图优化时，运营可以关注当前产品核心关键词的搜索结果，以及top100榜单中的产品主图，简单统计最近一段时期销量及搜索排序中表现更好的listing（商品信息页面）及其图片主要构成要素。在亚马逊跨境电商平台首页，对“baby bath toys”这个关键词进行搜索，统计前5页商品图片，可以得到数据，见表2-1。

表2-1　前5页商品图片数据

页　数	主图有婴儿	主图无婴儿
1	14	34
2	12	36
3	10	38
4	5	43
5	2	46

虽然主图中无婴儿的listing占比更高，但随着搜索排序的降低，产品主图中有婴儿的listing也在逐渐减少；此外，某小类目的best seller（热销榜）主图还根据季节特点，选取了穿着圣诞主题的婴儿作为背景的一部分。不难看出，单以“baby bath toys”（婴儿洗澡玩具）这一关键字在2023年12月的表现而言，产品主图中包含婴儿的竞争力要远大于仅包含产品的主图。

然而，数据所代表的趋势往往缺乏时效性，而跨境电商又需要在旺季来临之前提前完成备货和优化。在市场快速变化的背景下，运营人员需要在前期通过对多张商品主图设置高点击率，按点击付费广告曝光，快速获取不同主图的点击率数据。

在Photoshop中虽然有魔棒等方法进行操作，但整个流程较为费时，不属于大部分运营擅长的领域。**对于这种一次性的图片需求，运营人员可以利用AI工具快速完成迭代测试；在获得明确的数据结果和优化方向后，再与美工沟通完成更加的细致的调整**，见表2-2。

表2-2　Photoshop抠图方法说明

Photoshop方法	优　点	缺　点
魔棒工具	操作简单，适合对背景及主体比较单一简单的图片进行抠图，调整好容差值，选择背景删除即可	容易导致主体边缘出现锯齿，不适合背景颜色复杂的图片
钢笔工具	适合复杂背景抠图，勾勒出抠图的主体，建立选区，复制图层即可	需要细心和耐心，不适合边缘模糊或细微的主体
套索工具	操作简单，可自动建立选区	依赖鼠标操作，难以顾及细节部分

续表

Photoshop 方法	优　点	缺　点
背景橡皮擦	点击不需要的背景进行擦除即可	主体细节及边缘部分难以处理
通道抠图	利用红绿蓝三个通道的强烈对比来完成抠图，适合处理头发、纹理、透明半透明等素材	对于背景与主体颜色相似或者稍微复杂一些的情况不太好用
色彩范围	在菜单栏—选择栏目下，点击想要选中的背景色删除即可	不适合处理背景与主体颜色相似的图片
抽出抠图、调整边缘、图层蒙版、剪切蒙版等	与其他方法使用可有效提高出图效果	操作较为复杂

当前大部分AI工具对产品和模特图，都可以做到快速抠白底，并且保证较好的出图效果。以fotor（一个照片编辑和设计工具）为例，在首页中点击“AI图片编辑”按钮，上传素材图后点击背景移除，就可以得到透明背景的素材图片，如图2-46所示。

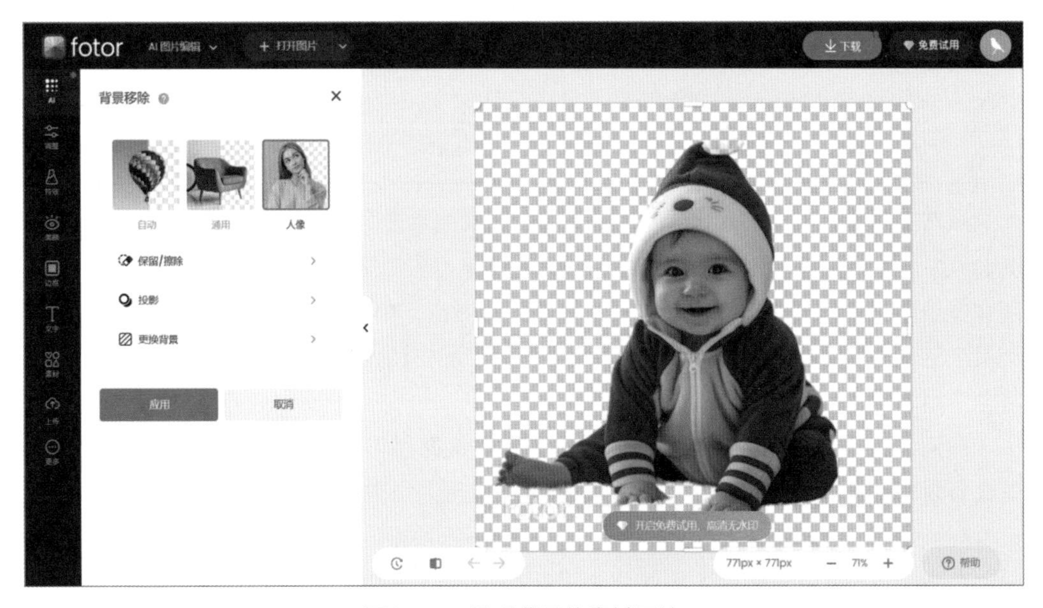

图2-46　透明背景的素材图片

对于产品类的图片，可以选择通用类抠图；对于模特类图片，可以选择人像模式进行抠图。如果在边缘处有需要额外保留的部分，还可以使用保留/擦除功能自行进行调整。完成后直接下载扩展名为PNG的透明背景图片，即可获得图片素材。

完成素材的收集和整理后，运营人员可以利用PPT等工具制作样图，然后与美工沟通需求。明确的需求可以降低图片返工次数，极大提高出图效率。

2.5.3　背景图扩展 / 更换

对于玩具、运动户外等类目，产品的同质化程度日趋严重，迫使很多卖家不断压低价格进行竞争。**要想摆脱低价竞争的恶性循环，除了在产品端进行创新满足用户需求之外，运营端也可以利用好用户画像，靠图文设计等方式脱颖而出。**

通过分析竞品的用户评论和核心需求，针对买家潜在的心理特点进行图片设计和背景优化。由于亚马逊并未对附图和A+图片提出过多限制，因此在这部分图片的测试环节中，利用AI对背景进行调整，可以更好地突出产品卖点，有效提高listing商品信息页面转化率。

举例来说，对于玩具类目的遥控车（rc truck**）而言，运营人员可以查看竞品**review**（评论）中的**critical reviews**（差评），筛选出用户重点关注的功能和使用场景并与自身产品进行对比。如果在某一方面有明显优势，就可以针对该卖点进行重点展示。**在对review进行分析后，发现用户主要为青少年和成年男性，使用场景大多在室外，差评反馈速度难以控制，外壳容易损坏，不适合沙石等场地，以及电池容量太小等。

经过测试后发现，自身产品附带的两块700 mA•h电池，并且马达和轮胎的抓地力更强。针对这两个核心卖点，可以通过图片的方式传达。将遥控车放置于不同场景下，可以突出其对多种地形的适应能力，如图2-47所示。

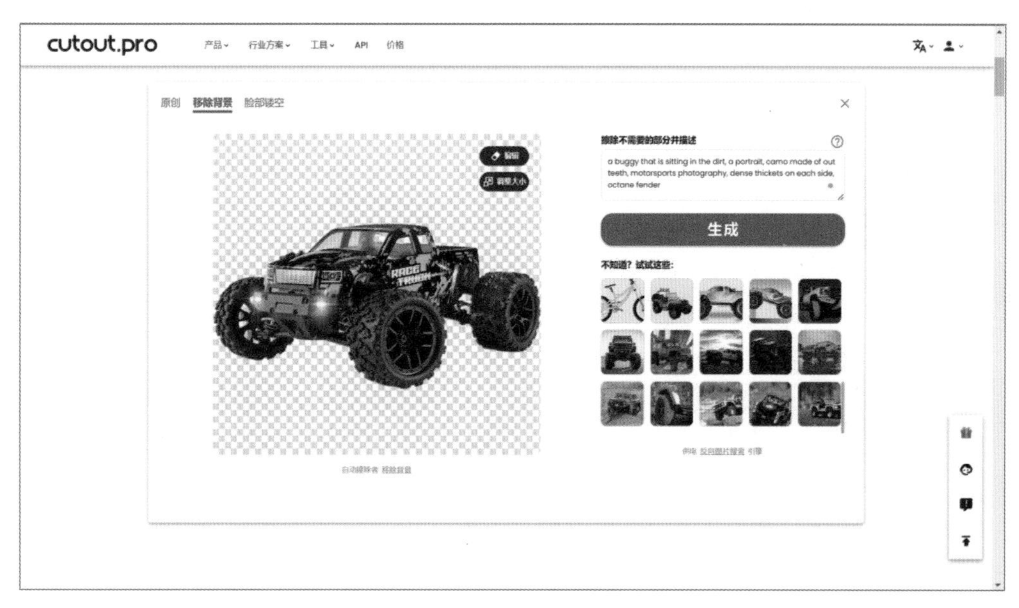

图2-47　将遥控车放置不同场景

利用Photoshop软件工具对背景进行优化，一般需要结合产品本身特点寻找恰当的素材背景图，调整产品比例和光影效果，结合文案突出产品的核心卖点，从而在图片的真实感、美感度和卖点展示中取得平衡。由于背景图可能存在版权问题，在条件允许的情况下，布置场景实拍是最好的选择。当前利用AI工具，不仅可以减少版权问题，还可以显著提升整个流程的出图效率。

以cutout.pro**（一个图片及视频制作和编辑工具）为例，通过选择首页的产品或照片编辑背景，上传产品图片后将会自动完成抠图。**此时在右侧输入对应的prompt（提示语），就可以生成希望的背景图片。点击下方对应的图片，也可以自动填充相应图片的prompt（提示语）。通过多次对prompt的调整和尝试，最终可以获得想要的图片，如图2-48所示。

图2-48　完成图片处理

第一组图片的提示语为：

prompt：a truck that is sitting in the snow, a digital rendering, tumblr, he-man with a dark manner, high resolution product photo, maxxis, toy photo

提示语：一辆停放于雪地之中的卡车，一幅数字渲染图，在Tumblr上展示，一位气质阴沉的男性形象，高分辨率的产品照片，玛吉斯品牌的相关产品，玩具摄影作品

第二组图片的提示语为：

prompt：a toy truck running on the dirt, water splashed, photography, movie quality

提示语：一辆玩具卡车在泥土路面上行进，周围飞溅的水花，摄影画面，电影般的品质

两组图片虽然并没有完全满足提示语的要求，但氛围感和光影效果以及基本需要的效果达标。此时运营人员可以创作相应的A+文案，并与美工进行沟通，完成最后的图片设计。

2.5.4　模特更换

对于宠物用品等类目，用户在购物时往往会“偏爱”某一类型的“模特”，从而最终影响到点击率和购买的行为。对于多站点经营的卖家来说，根据不同市场的特点进行模特的调整，也可以有效提升转化率。这类商品不论是实拍还是图像处理难度都比较高，因此利用AI工具对于中小服装卖家来说更容易接受。

举例来说，宠物用品的拍摄对动物模特的要求很高，除了体型大小、健康程度之外，特定品种的宠物也能够唤起用户的购物欲望。

根据某养犬俱乐部的调查，2022 年法国斗牛犬历史上首次夺得第一，取代了拉布拉多犬作为美国最受欢迎的犬种多年的头部地位。由此可以猜测美国小型犬相关用品的需求将会上升。而针对这类商品的图片，也可以更多地使用法国斗牛犬作为模特进行优化。

以WeShop（唯象妙境）为例，可以先在工作台中选择商品图，上传图片后软件会自动选取主体。此时被选中的是画面中心的柴犬，我们需要将地垫上的柴犬替换为法国斗牛犬，如图2-49所示。

图2-49　选中画面中心的柴犬

此时，只需要点击选区图，使用鼠标指针重新选定宠物地垫即可。如果需要额外选中边缘部分的某些要素，也可以选中主体，通过画笔工具进行更加细致的调整，如图2-50所示。

图2-50　通过画笔工具处理

完成图片主体的选择后，可以利用下方的文字描述，对将要生成的图片进行限定。此处输入“法国斗牛犬，室内，阳光”，点击“执行”按钮生成相应图片，如图2-51所示。对于能熟练使用AI生成图片的卖家，也可以利用高级自定义功能，通过正反向提示语进行更加细致的调整。

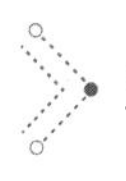

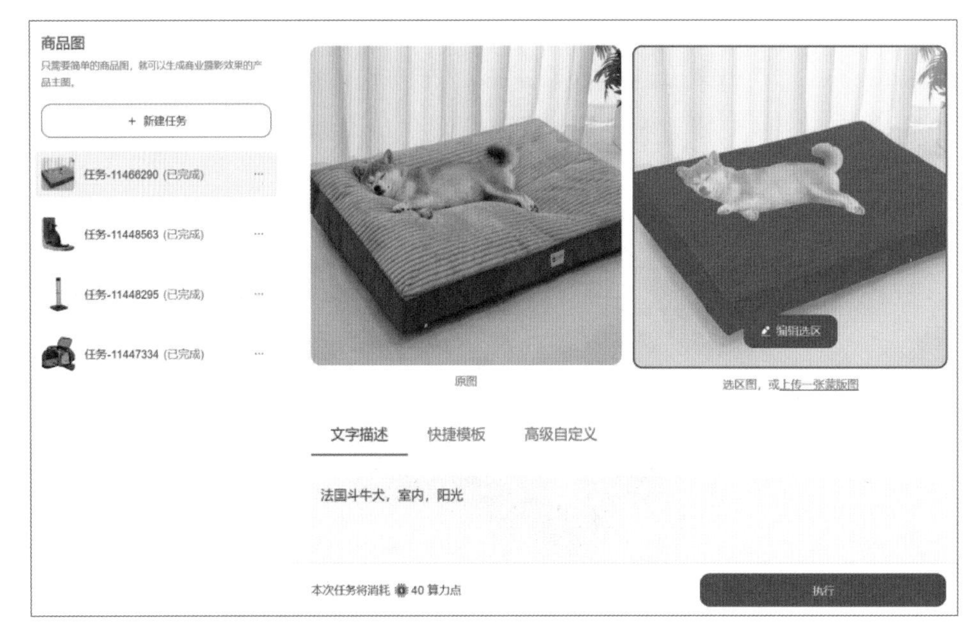

图2-51　输入文字

在图片背景优化过程中，每次可以生成4张图片。一般通过1～3轮的调整修改，就可以获得一张合适的图片。可以看到，原本白色的背景窗帘被替换为门窗，白色地面被更换为木制地板，并且有阳光照射的效果。最关键的是原先的柴犬被替换为法国斗牛犬，而商品本身并没有变化，如图2-52所示。

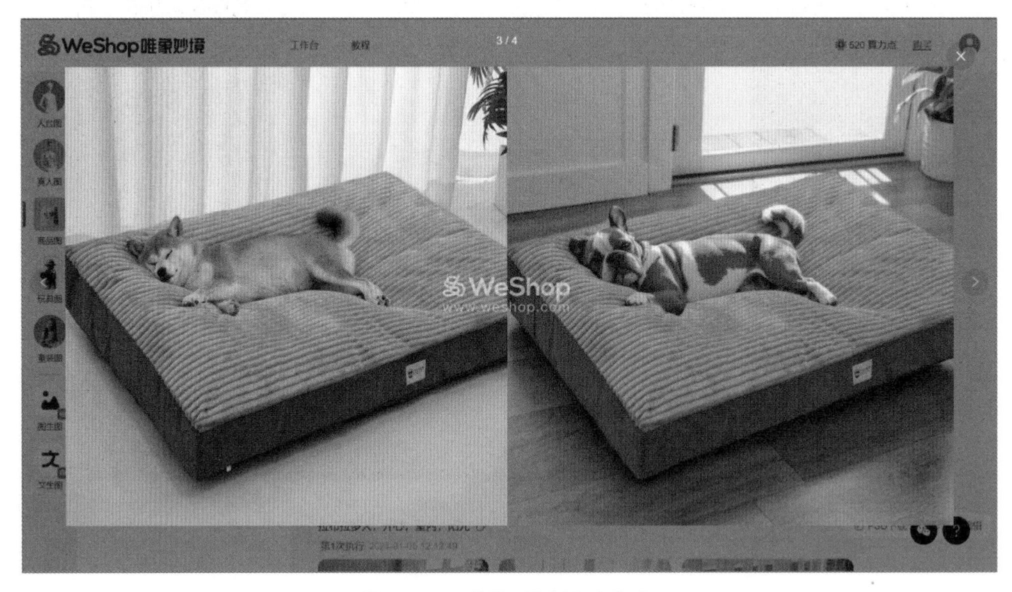

图2-52　替换成法国斗牛犬

针对宠物服装，也可以完成较为流畅的调整。比如在图2-53中，可以利用高级自定义功能，将原图中的雪纳瑞更换为柯基犬。

图2-53　高级自定义功能

这套方法对于服装、母婴等类目也同样适用。在拍摄时直接利用人台或玩偶替代实际的模特，然后再利用AI工具进行替换，同样可以达到较好的出图效果。

2.5.5　产品图片生成

对于厨房家具等类目，产品本身的效果需要背景衬托才能得以展示。很多室内装饰在布置时需要较大的场地，拍摄成本相对较高。目前AI直接生成的产品图片，容易存在货不对板的情况，导致大部分使用场景停留在背景和模特替换的层面。对于一些标准化程度较低的商品，以及A+中用来烘托氛围的大图，都可以尝试使用AI直接进行生成。

举例来说，干花类产品的展示效果很容易受到整体搭配以及外部环境的影响。在 Dried & Preserved Flora（**干燥和保存的植物**）类目top 100**的链接中，超过一半的主图都没有单纯抠白，而是使用了场景。**而在附图和A+部分，几乎所有的商品都在大量使用搭配和场景的元素。此时可以模仿其构图和色调，利用AI生成类似的产品图片。

下面以Midjourney软件为例，找到一张与自己商品类似的图片，使用/describe命令，即可获取描述该图片的prompt（提示语），如图2-54所示。

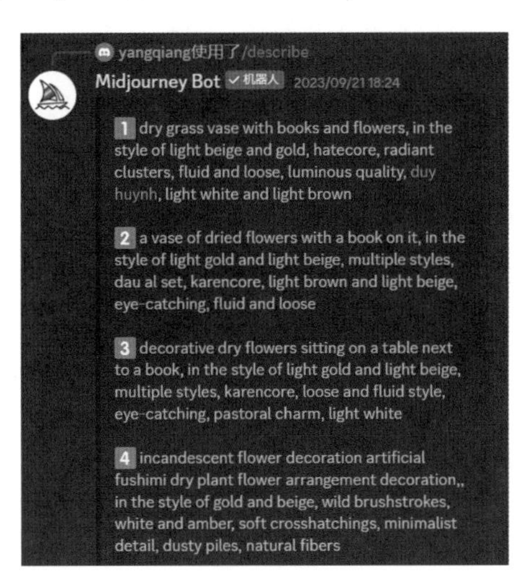

图2-54　描述图片的prompt

其中描述图片的提示语含义：

1 一只干草花瓶，上面摆放着书和花，风格为浅米色和金色，具有光亮的聚集感，流动而宽松，具有光泽质感；

2 一只插满干花的花瓶，上面放着一本书，风格为浅金色和浅米色，多样化风格，吸引眼球，流动而宽松；

3 摆放在桌子上的装饰性干花，旁边有一本书，风格为浅金色和浅米色，多样化风格，吸引眼球，具有乡村魅力；

4 发光的花卉装饰人造伏见干花植物花艺装饰，风格为金色和米色，野性的笔触，白色和琥珀色，柔和的交叉线条，极简细节，灰尘堆，自然纤维。

在获取对应的prompt后，可以通过翻译软件，选取其中合适的字段进行组合，之后再利用 /imagine 命令，生成对应的图片。在经过多轮测试后，可以获得较为合适的，包含商品的氛围图，如图2-55所示。

prompt：dry flower, fall decor, pampas grass, baby’s breath, sit on a table, eye-catching, light white and natural, --ar 16：9

提示语：干花，秋季装饰，波斯草，满天星，摆放在桌子上，引人注目，淡白自然，--纵横比16：9

图2-55　生成商品氛围图

如果公司的供应链管理能力允许，运营人员还可以通过添加变体，提升listing（商品信息页面）整体的转化率和销售能力。比如在竞品添加新的颜色和变体后，运营人员需要主动跟进，反向驱动产品端进行调整。

对于整合上下游链路的服装类目卖家，可以利用AI完成图案、花纹、版型的初期设计，提升整体反应速度。一般情况下，在这个链路中，设计师和选品团队对AI的需求较为明显，图片处理也多以Photoshop为主，这里不做进一步展开讲解。

第二部分

使用Midjourney在亚马逊跨境电商运营中的应用

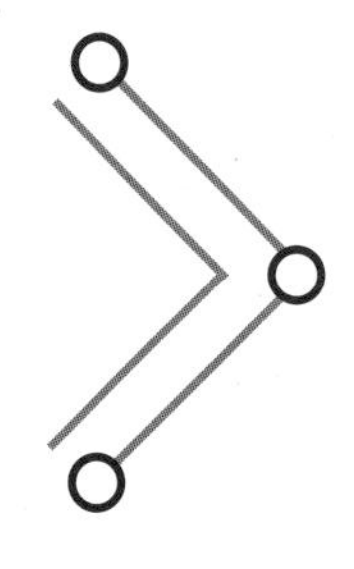

用Midjourney创作的准备工作

随着 ChatGPT 的全网爆火，有关人工智能生成内容AIGC（AI generated content）的应用也逐渐走入大众视野，其中人工智能绘画尤为受欢迎，所谓人工智能绘画（AI绘画）是指利用计算机算法和技术，让计算机模拟艺术家的创作过程，自主生成各种类型的图像、绘画和艺术作品，也正是由于AI绘画的自主性、快捷性，它在亚马逊运营领域可以极大地帮助卖家缩短店铺布置时间、降低运营成本，实现主图、副图、A+界面的灵活展现。

具体而言，对于跨境电商的中小卖家来说，公司可能没有固定的设计师，只能找外包公司进行图像处理，存在沟通不方便的情况，有时候花了不少钱也没有得到自己满意的图片；而对于一些大型卖家来说，AI绘画也是实实在在可以降本增效！以Midjourney为例，其输出的产品图、场景图都十分具有品牌感、画面感，后期简单做些修改就能作为场景图，并且通过AI生成的图片目前也不涉及侵权。

本章主要围绕Midjourney到底是什么、如何注册Midjourney、怎样设置Midjourney的运行环境进行详细介绍。

3.1　什么是 Midjourney

Midjourney是一款功能强大的 AI 图像生成工具于2022年7月12日进入公开测试阶段，目前架设在Discord（一款多功能的聊天软件）上，具有灵活性高、易使用等特点。使用者可通过Discord的机器人指令进行操作，**只需一些简短的文字描述或相关提示词它便可以将想象快速转化为现实。**

与其他 AI 图像生成工具相比，Midjourney 具有更快的生成速度和更低的学习门槛，不仅可以生成各种风格的艺术作品，还可以作为创作灵感的参考来源，因此受到了许多艺术家的青睐。如图3-1所示，AI获奖名画《太空歌剧院》便出自Midjourney之手。

图3-1　太空歌剧院

除了《太空歌剧院》外，Midjourney社区图库中也有许多令人惊叹的作品，如图3-2和图3-3所示，这两个图片都是由AI绘图制作完成的。

图3-2　家用空气净化器

图3-3　可爱漫画风格小动物

而Discord是近几年发展非常迅速的一种新型聊天工具，类似于国内的QQ、微信等聊天工具。Midjourney和Discord的关系类似于小程序和微信的关系，因此想用Midjourney，就需要注册一个Discord账号，之后可以通过网页浏览器使用Discord工具，也可以直接下载客户端登录。

3.2　快速注册Midjourney账号

上面提到Midjourney架设在Discord中，所以在这里读者可以注册一个Discord账号。

Discord是可以用电脑下载客户端和在移动设备，如手机下载App，建议大家在手机下载App备用，下载网页版用于注册、添加，平时在使用报错时，可以通过手机App来解决。具体操作过程如下：

1 打开Midjourney网站之后，点击右下角“Sign In”按钮，进行新用户注册；如果卖家已经注册了账号，则点击“Join The Beta”按钮，会自动进入“Discord”的“Midjourney”频道，如图3-4所示。

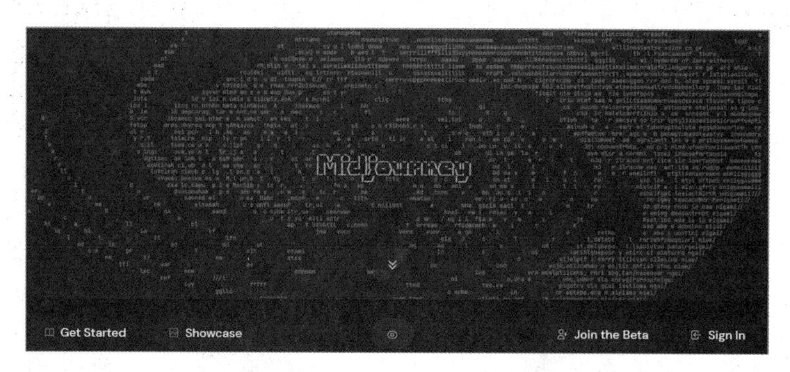

图3-4　Midjourney网站首页

2 填写注册信息，如图3-5所示。

电子邮件：可使用国内邮箱，验证会稍慢；

用户名：可以使用英文名，且Discord社区大部分是外国人；

密码：建议用字母+数字的格式设置，可以使用自己常用的密码；

出生日期：建议填写18～35个数字，避免软件有所限制。

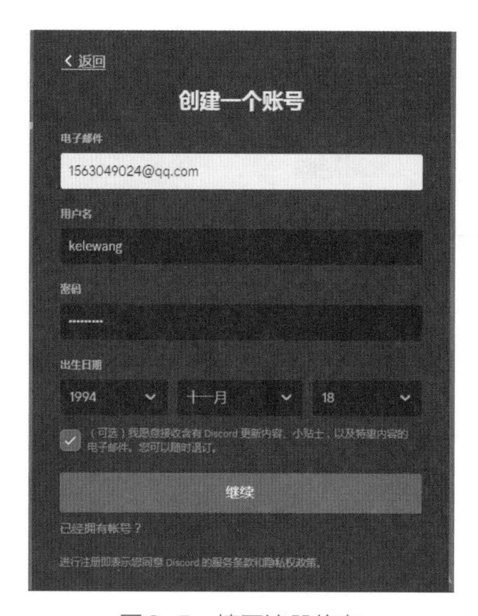

图3-5　填写注册信息

3 进行人机验证，如图3-6所示，根据要求选择图片，选中“我是人类”，并按照上面的问题选中符合的图片，若人机验证没有出现，可能是网络原因，如果遇到这种情况，可以多刷新几次；之后邮箱就会收到图3-6所示的验证信息：感谢在Discord上注册账户！在开始之前需要确认这是你。点击下面的地址来验证你的邮件。之后按要求点击即可，若无法直接在邮箱中打开链接，可尝试在浏览器中打开。

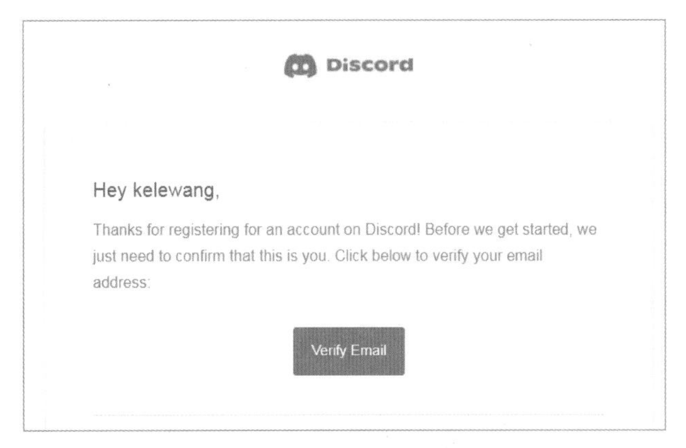

图3-6　进行人机验证

4 验证之后Discord账号即注册成功，之后正常登录即可进入主页，如图3-7所示。

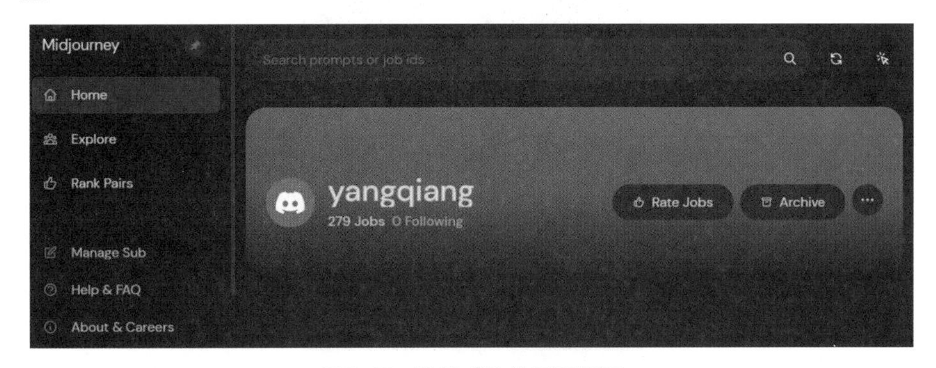

图3-7　登录成功的显示界面

关闭网页后再次登录，若显示的是图3-8所示的界面，用户直接点击“授权”按钮即可；如果显示不是，且输入账号无法登录，还可用手机下载Discord App进行操作。

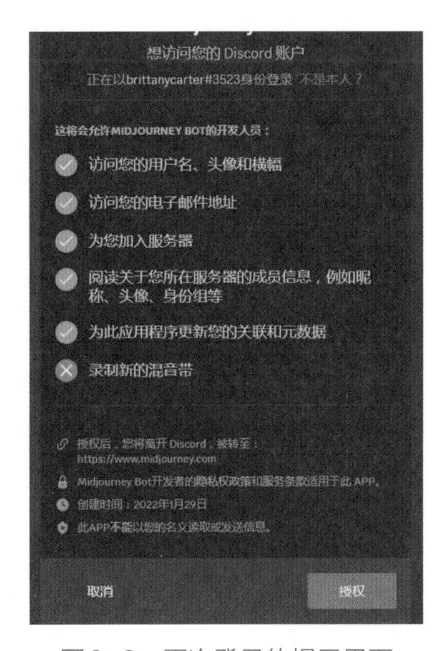

图3-8　再次登录的提示界面

3.3 设置 Midjourney 运行环境

账号注册成功后，还需要创建自己的服务器才能进行创作，一方面Midjourney要求在服务器中创作；另一方面如果使用他人的服务器，那么自己的作品很容易被众多图片“淹没”，不方便后续查找。

3.3.1 添加 Midjourney 公共服务器

1 点击左侧“+”按钮，选择加入服务器，如图3-9（a）和图3-9（b）所示。

图3-9（a） 添加服务器1

图3-9（b） 添加服务器2

2 选择“您没有邀请”选项，在“特色社区”下选中“Midjourney”按钮，界面中显示英文为：Midjourney的官方服务器，一个文本到图像的人工智能，您的想象力是唯一的限制。如图3-10（a）和图3-10（b）所示。

图3-10（a）　选择"您没有邀请"选项

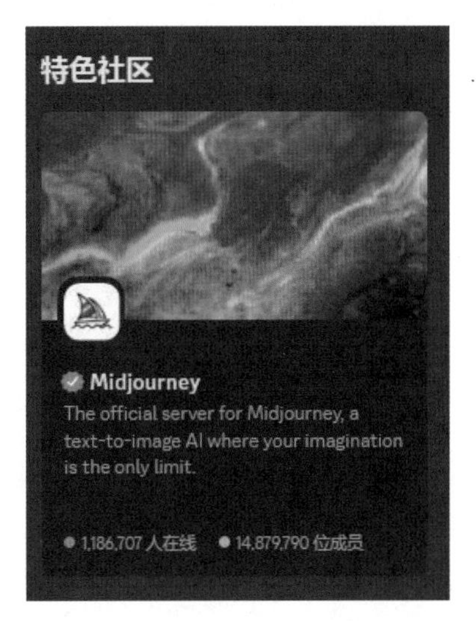

图3-10（b）　选中Midjourney单选按钮

3 可以看到界面左边Midjourney已经添加成功，如图3-11所示可以在一个聊天群和Midjourney Bot进行互动了，但是此聊天群人数会很多，有时系统会把读者的聊天刷掉。这时需要建立一个自己的聊天服务器或者进行私聊，与Midjourney Bot进行一对一交流。

图3-11　在聊天群互动

3.3.2 与 Midjourney Bot 建立连接

1. 建立私聊

1 成功登录账号之后，选择左下角的“Go to Discord”选项进入Discord界面，如图3-12所示。

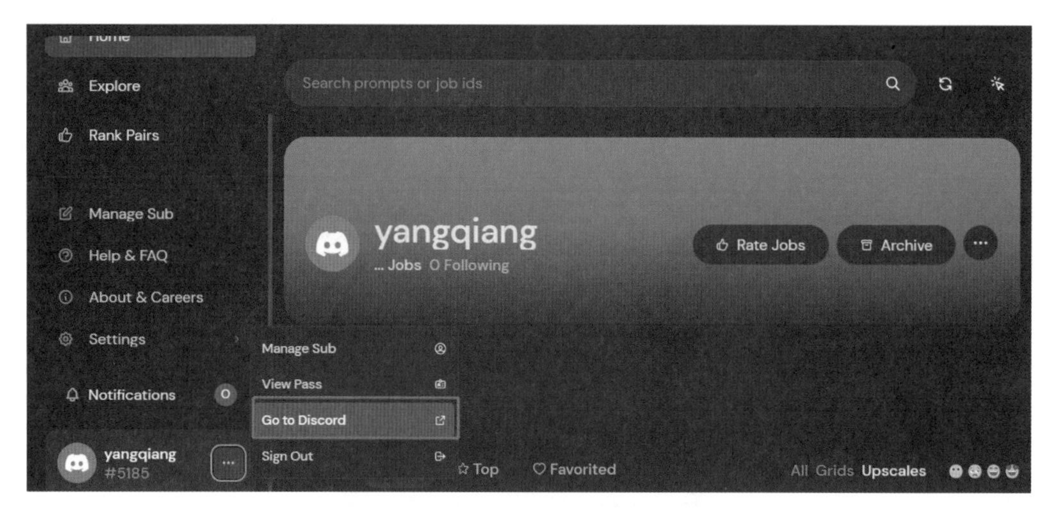

图3-12 进入Discord界面

2 点击左侧第一个图标，然后点击旁边的“寻找或开始新的会话”按钮，如图3-13所示。

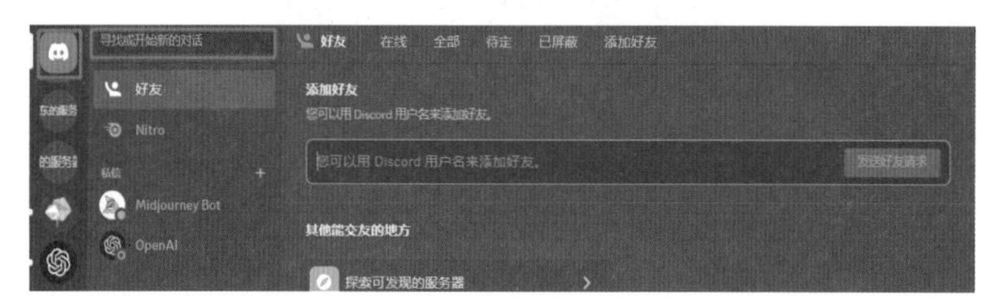

图3-13 打开添加好友对话框

3 在文本框中输入“Midjourney Bot”，按【Enter】键，如图3-14所示。

图3-14 输入Midjourney Bot

4 这样可以建立与Midjourney Bot的私信对话，后面作图时给它发送指令即可，如图3-15所示。

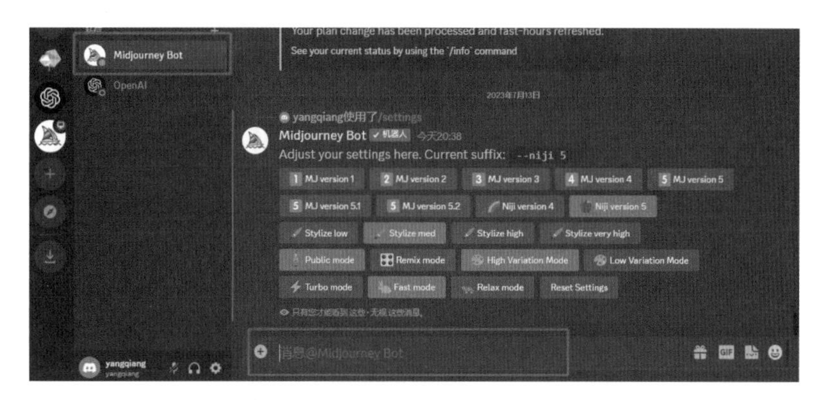

图3-15　成功添加Midjourney Bot

2．**建立个人服务器，添加Midjourney Bot**（可以理解为建群、添加群机器人）

1 成功登录账号之后，选择“Go to Discord”选项，进入Discord界面，如图3-16所示。

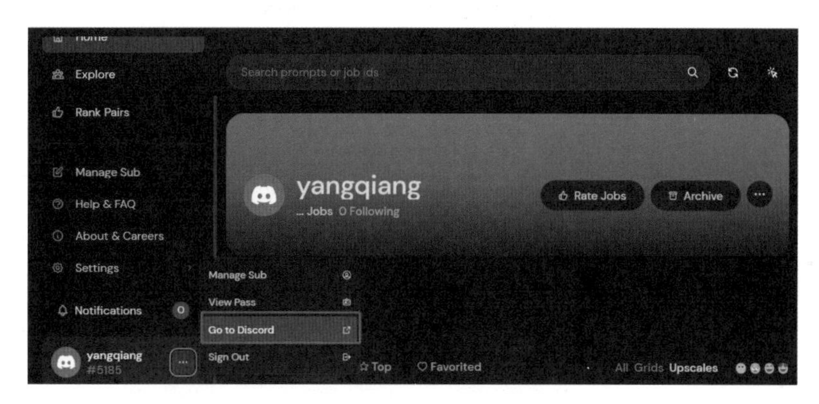

图3-16　进入Discord界面

2 点击左侧“+”按钮，添加服务器，如图3-17所示。

图3-17　准备创建服务器

3 在创建服务器界面，选择“亲自创建”选项，如图3-18（a）所示；然后在打开的界面中选择“仅供我和我的朋友使用”选项，如图3-18（b）所示。

图3-18（a） 准备添加个人服务器

图3-18（b） 设置个人服务器权限

4 在打开的“自定义您的服务器”对话框中，图标、服务器名称默认为原设置，也可自行修改，完成后点击“创建”按钮即可，如图3-19所示。

图3-19 设置服务器名称和图标

5 如出现图3-20所示界面，则代表个人服务器创建成功。

图3-20　成功创建个人服务器

6 服务器建立完成后，点击“Midjourney”公共服务器，如图3-21所示。

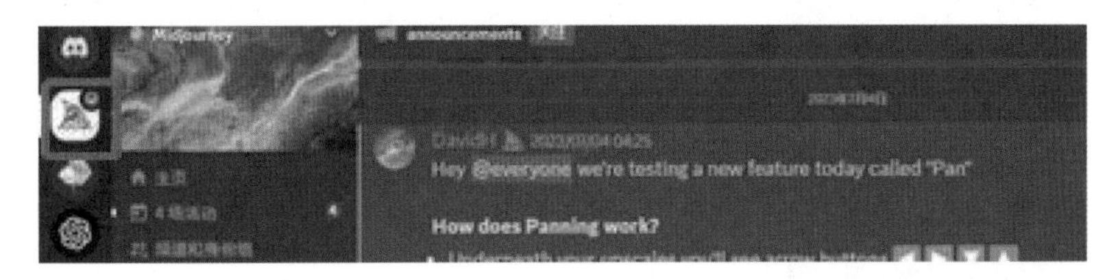

图3-21　点击“Midjourney”公共服务器

7 在左侧功能列表中选择“INFO”→“announcements”选项，再点击右上角的头像图标“显示成员名单”，并在右侧成员列表中找到并选中“Midjourney BOT”选项，如图3-22所示。

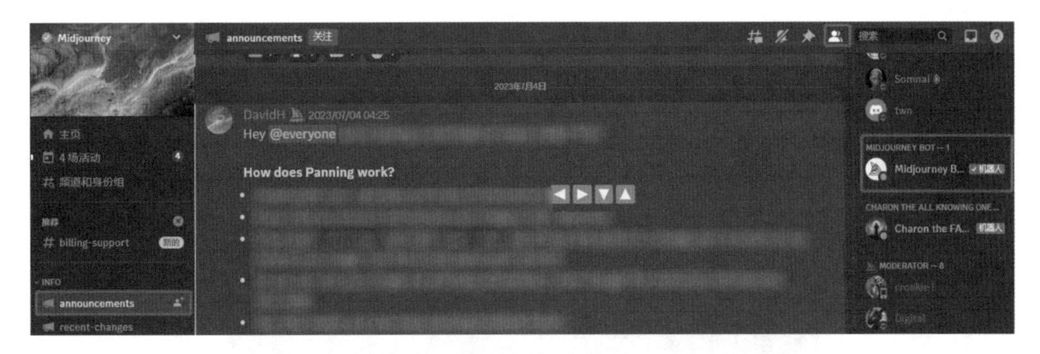

图3-22　在公共服务器中找到“Midjourney BOT”

8 点击“Midjourney BOT”的头像，在打开的界面中点击“添加至服务器”按钮，然后选择刚才新建的服务器，系统验证成功即可完成，如图3-23所示。

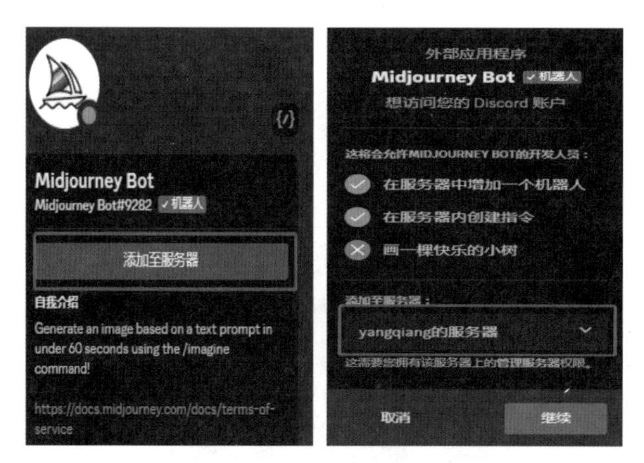

图3-23　将“Midjourney BOT”添加至个人服务器

9 授权成功后，点击“自己建立的服务器”，如果在成员列表中出现 Midjourney Bot 说明已经添加成功，如图3-24所示，之后就可以用进行AI创作了。

图3-24　成功添加“Midjourney BOT”至个人服务器

3.3.3　创建服务器中的频道

在正式开始创作之前，还要补充一个小技巧——创建频道。它的功能类似于在电脑中创建文件夹，我们可以在不同的频道中绘制不同风格的作品，例如衣服、玩具、数码产品等，这样有助于更好地查找、管理自己的作品，使工作流程更加规范，具体操作如下：

1 点击界面上方“+”按钮创建频道，如图3-25所示。

图3-25　准备创建频道

2 填写作品系列或者风格类型的名称，然后点击“创建频道”按钮，如图3-26所示。

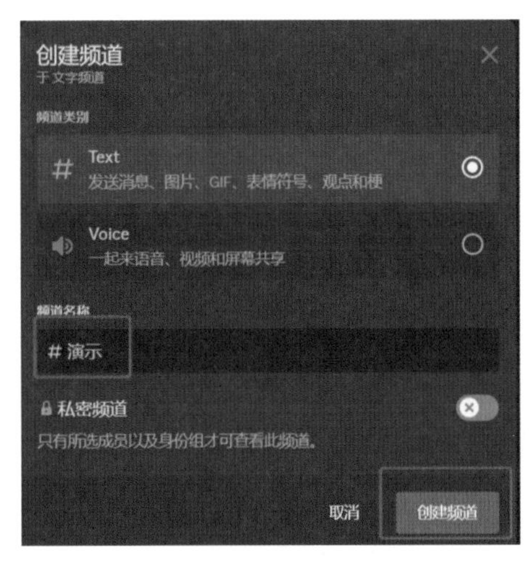

图3-26　设置频道相关信息

3 在界面中显示“欢迎来到#演示！”则频道创建完成，如图3-27所示。

图3-27　频道成功创建

前期的重点准备工作已经完成，此时已经可以进行创作了。下一章将围绕Midjourney操作指令、后缀参数等内容进行讲解，助力读者顺利开启AI绘图创作之路！

第4章

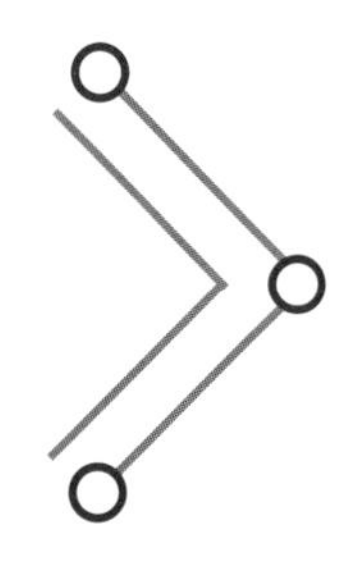

用Midjourney创作你的第一幅AI作品

在人工智能绘画（AI绘画）的各类工具中，Midjourney操作并非特别复杂，但是仍有许多指令和参数需要充分了解，本章将以案例形式对指令和参数进行详细介绍，帮助读者快速创作自己的第一幅AI作品。

4.1　输入关键提示词生成图片

在访问服务器后，输入“/i”指令，系统会自动激活Midjourney Bot的提示功能，它会自动弹出一系列的指令（如果没有出现弹窗，退出重新进入即可），然后会出现图4-1所示的画面。

图4-1　Midjourney部分指令

1．Midjourney部分指令

先点击“/imagine”（这个参数在后面会详细解释），出现prompt（提示词），如图4-2所示，在prompt后输入一组关键词，再按【Enter】键，等候一分钟左右即可获得图片。关键词可以是图像的内容描述文字，也可以是图片的链接地址+文字描述。

图4-2　Midjourney的“imagine”指令

2．重要提示

一组关键词的后面需要加上英文状态下的逗号“,”然后按空格键，空一个格即可；使用简单、简短的句子来描述想要看到的内容，避免过长的关键词；确定光标在 prompt 提示框内才能开始输入内容，否则界面将出现异常提醒。

3．演示案例

在对话框内输入：

prompt：Perfume, Product photography, flowers, soft light, light pink background, Vector
提示词：香水，产品摄影，花朵，柔和的光线，浅粉色背景，矢量图

点击【Enter】键发送，此时会看到“waiting to start”（等待开始）的提示，这表示Midjourney已经将指令放到队列中，并分配了相应计算资源准备开始生成图像。建议开始使用时先不要直接复制，先用键盘输入，初次体验一下这个操作。

等待一分钟左右，读者将会得到一个四宫格的图片结果，如图4-3所示，利用Midjourney创作出初始图片并不复杂，更多的操作是在初始图片上进行修改，此时需要再通过一些操作步骤才能得到自己满意的图片，下文将讲述如何对生成的初始图片进行修改。

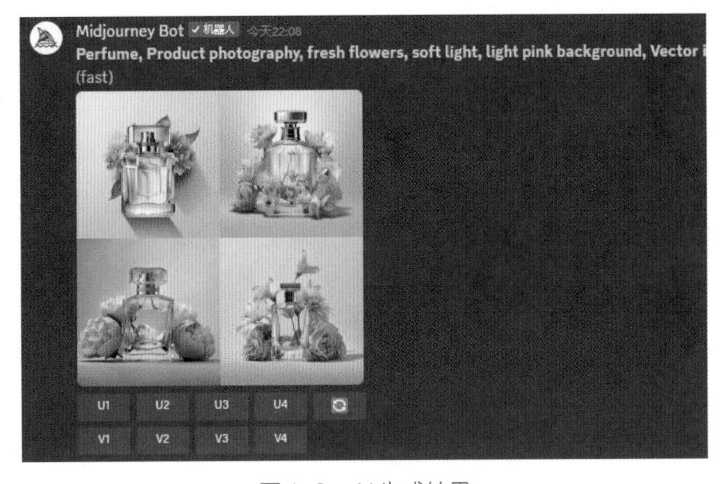

图4-3　AI生成结果

4.2 多种图片指令

图片生成后其下方会出现两排按钮，如图4-4所示，图片中所标出的1、2、3、4与下方操作按钮序号相对应，具体含义如下：

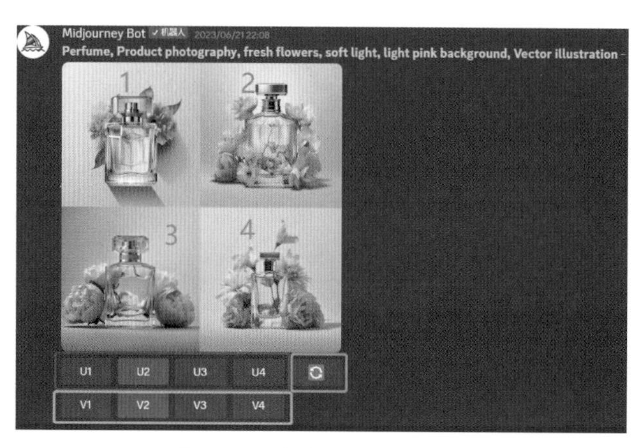

图4-4　生成结果下方按钮

U—按钮（红框所示）：图像升档放大，生成所选图像的更大版本并为此添加更多细节，U1/U2/U3/U4分别指的是放大四张图片中的某一张。

V—按钮（橙框所示）：创建图像变体，生成与所选图像整体风格、构图类似的新四宫格图像。

（重做）**—按钮**（绿框所示）：将重新运行原始提示词，生成新的四宫格图像。

4.3 不同图片指令显示不同效果

如果对生成的图像并不满意，可以点击“重做”按钮，系统将按照原始提示语生成新的图像，与原图相比产品样式、花朵大小都有明显不同，若想拥有一张满意的作品建议反复尝试，如图4-5所示。

图4-5　AI重做结果

1 下面以图4-3中横排第二张图片为例进行演示，点击“U2”按钮对这张图像进行升档（提升画质）操作。提升画质后的图像会变得更加清晰、锐利，同时也提升了图像的质量和细节要求，如图4-6（a）和图4-6（b）所示。

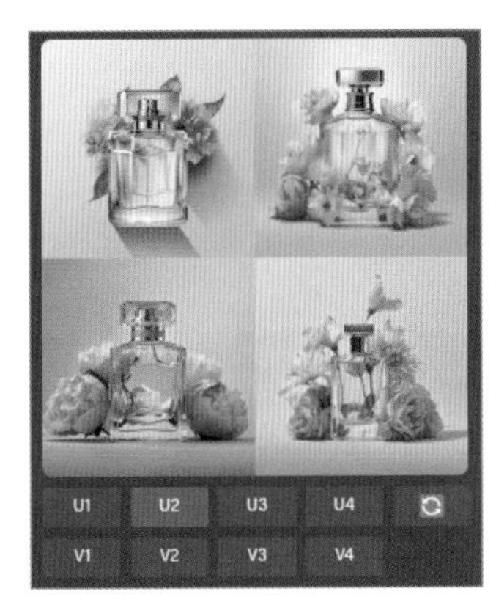

图4-6（a）　生成结果升档

图4-6（b）　生成结果升档

2 选中图像并在浏览器中打开，然后在弹出的菜单中选择“图片存储为”选项，最后点击“保存”按钮，这样就可以将刚刚制作的 AI 作品下载保存到电脑中（**注意一定要选择从浏览器中打开，再保存图片，否则图片的尺寸会缩小、画质模糊**）。

3 图4-6（c）所示的Make Variations按钮会在图片升档后出现，指快速生成的新图像与选中图片整体风格和构图相似，从而提供了更多选择及灵感来源，调整后结果如图4-6（d）所示；“Web”按钮表示可前往 Midjourney 官网上查看此图片。

图4-6（c）　Make Variations按钮

图4-6（d）　Make Variations生成结果

下面以图4-3中第二张图片为例，如图4-7（a）所示点击“V2”按钮后，将会得到4张以第二张图片为原型的新变体四宫格图像，结果如图4-7（b）所示，不难看出虽然整体风格、构图看上去一致，但是瓶身形状、盖子样式、鲜花图案等细节都存在一些差异。

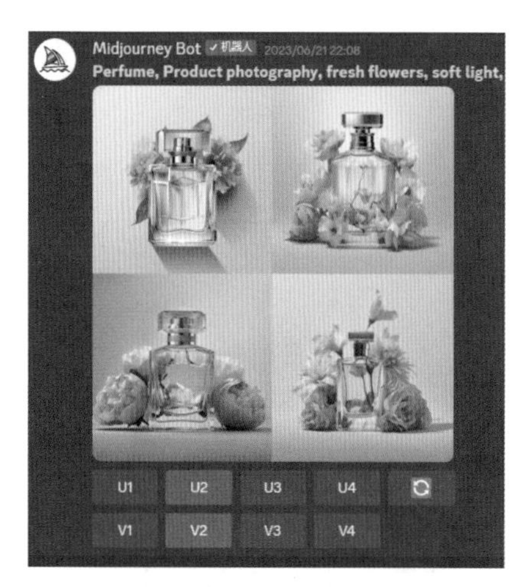

图4-7（a） 重绘第二张图片

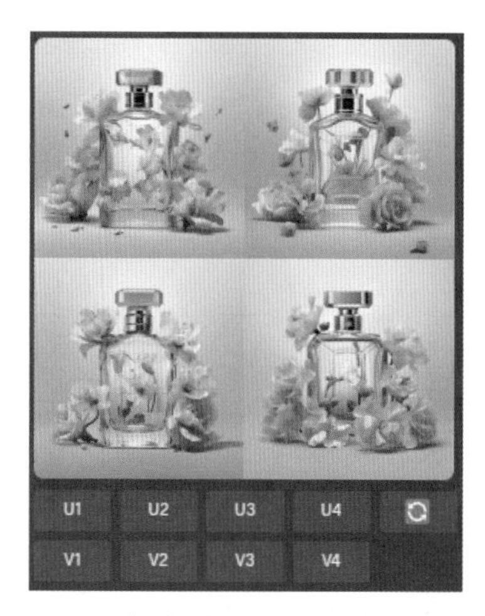

图4-7（b） 第二张图片重绘结果

除了使用提示语多生成几组图片、重复上述演示过程外，还可以点击“重做”按钮，如图4-8所示红框，之后就会看见多条生成图片的消息，等待机器人作图，然后找到喜欢的几张图片进行挑选即可。

图4-8 使用提示语重新生成结果

2. 以“/”开头的操作指令

Midjourney经过多次版本更新和升级，各种命令操作越来越多样化和便捷化，使得我们能轻松地创作出优秀的作品。但是，由于这些命令操作使用方式各不相同，需要我们逐一了解它们的功能特点。因此，下面将详细介绍 Midjourney 中所有以“ / ”开头的命令，帮助你更好地掌握这些命令的使用方法，从而可以更加便捷地创作出独具特色的作品。

4.3.1　认识基本指令

基本指令有生成图像、融合图片、图片描述和一些切换模式及查询作用，熟悉这些指令可以帮助读者快速完成简单创作，具体基本指令如下：

- /imagine：使用提示生成图像，这个就是生图的命令，输入关键词发送即可；
- /blend：融图，一共可以上传5张图片，发送后会把上传的图片融合在一起生成一组新的图片；
- /describe：可以自动生成与上传图像相对应的文本描述，也称为“图生文”；
- /shorten：帮助用户分析提示词中使用的单词和短语，获取可能无效的词汇以及可能关键的词汇信息；
- /ask：获取问题的答案，可以提一些问题让Midjourney进行回答；
- /docs：在官方的Midjourney Discord服务器中使用，可以快速生成官网用户指南中涉及的主题链接；
- /fast：切换到快速模式，一般还有fast使用时长，不需要切换这个命令；
- /relax：切换到放松模式，这个模式比fast慢，一般付费的权益用完之后fast会自动切换到relax；
- /help：显示关于Midjourney Bot有用的基本信息和提示，有帮助中心的意思；
- /info：查看关于账户和软件运行中的工作的信息，也可以查看账户的剩余作图时长等相关信息；
- /subscribe：为用户的账户页面生成个人链接；
- /prefer option set：创建或管理一个自定义选项；
- /prefer option list：查看当前的自定义选项；
- /prefer suffix：指定一个后缀，添加到每个提示的末尾；
- /show：使用图像达成显示ID，在Discord内重新生成显示；
- /prefer remix：开启/关闭再合成模式。

4.3.2　常用指令详解

以上内容基本涵盖现阶段所有的操作指令，但在实际应用过程中可能只会用到其中的一部分指令，本节内容将详细介绍Midjourney创作所涉及的常用指令。

1. /imagine使用提示词生成图像

该命令用于图像生成，先在文本框中输入“/”，再在下拉列表中选择“imagine”指令，并在prompt（提示词）后面输入英文关键词（中文也可以），**格式为：一组关键词+“，”+ 空格 +关键词，如图4-9所示。**

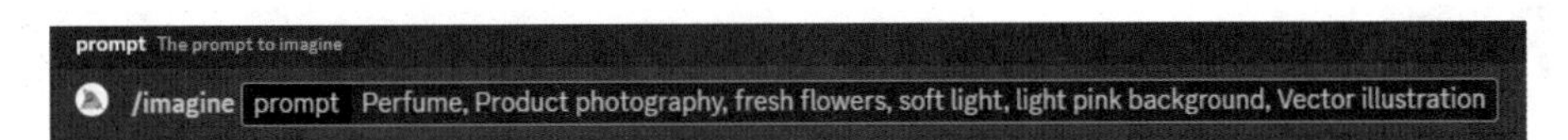

图4-9　/imagine指令的基本用法

2. /blend指令

该指令可以将 2～5 张图片进行混合生成新的图像，是一种图生图的功能（注意：为获得最佳效果，上传的图像与想要的结果具有相同宽高比），先在文本框中输入“/”，选择“blend”指令，则会出现图4-10所示的效果，选择上传的图片，默认是上传两张，可以点击more（增加）按钮，发送后等待出图即可。

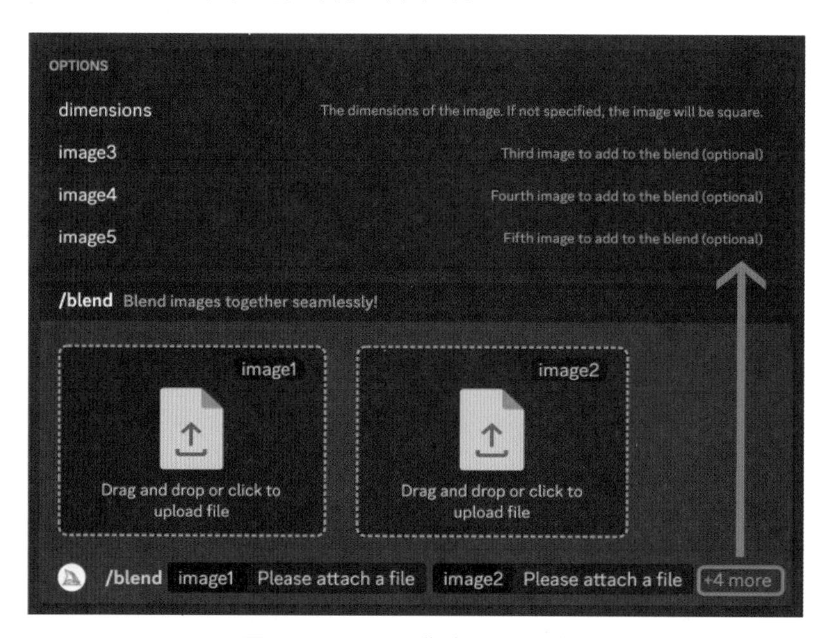

图4-10　/blend指令的基本用法

3. /settings指令

该指令用于查看和调整Midjourney Bot的设置，先在文本框中输入“/”，并选择“settings”指令，然后直接发送，出现图4-11所示的各项参数。

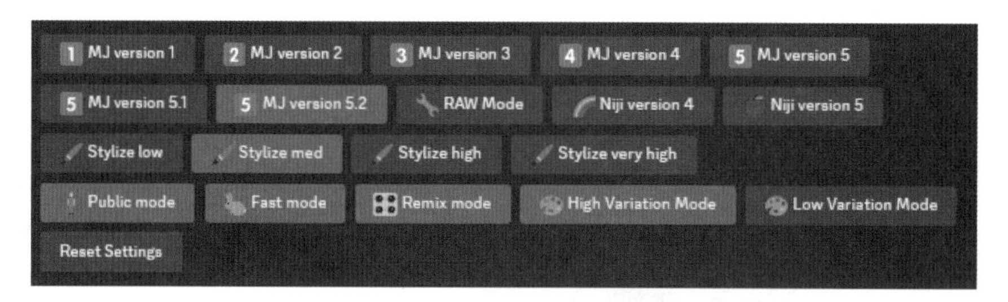

图4-11　/settings指令的基本用法

（1）版本设置

图4-12所示为可选择的绘图模式，目前版本仅适用于订阅用户。

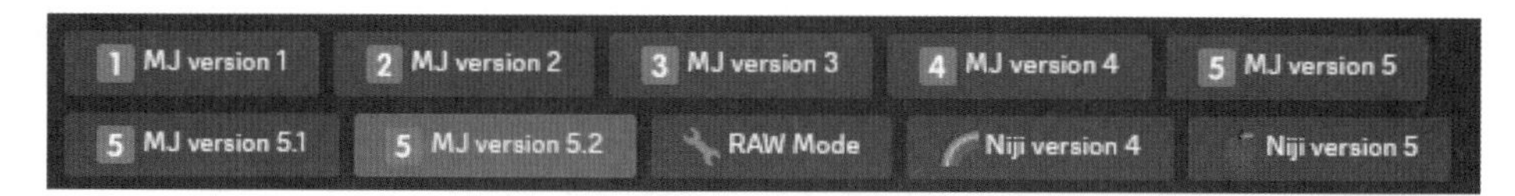

图4-12　/settings指令下的版本选择

一般来说，读者都会选择目前最高、最新的版本进行创作，因此，了解一下不同版本之间的基本区别，见表4-1。

表4-1　Midjourney不同模型版本

模型版本	发布时间	使用方式	优　势
Midjourney v6	2023 年 12 月	添加--v 6到提示词末尾，或使用/settings命令并选择MJ version 6	接受更长的提示词和多个主体，文本绘制能力（必须在“引号”中写下文本），改进后的放大器，有细微和创造性两种模式（分辨率比之前提高两倍）
Midjourney v5.2	2023 年 6 月	添加--v 5.2到提示词末尾，或使用/settings命令并选择MJ version 5.2	可产生更详细、更清晰的结果以及更优的颜色、对比度和构图。与早期型号相比，它对提示的理解也稍好一些，并且对整个--stylize参数范围的响应更加灵敏
Midjourney v5.1	2023 年 5 月	添加--v 5.1到提示词末尾，或使用/settings命令并选择MJ version 5.1	具有更强的美感，使其更易于使用简单的文本提示词。具有很高的连贯性，擅长准确解释有关自然的提示词，产生更少的、非必要的阴影和边框，提高了图像清晰度
Midjourney v5	2023 年 3 月	添加--v 5参数到提示词末尾，或使用/settings命令并选择MJ version 5	产生更多的摄影迭代
Niji Mode（Niji模型）	2023 年 5 月	添加--niji 5参数到提示末尾，或使用/settings命令并选择Niji version 5	制作动漫和插图风格，擅长动态、动作镜头以及以人物为中心的构图，特点是颜色鲜艳、线条清晰

特别说明的是，Niji version 5还可以通过后缀参数进行微调，如通过--style参数以获得独特的外观，包括--style cute、--style scenic、--style original、--style expressive，具体style参数含义见表4-2，生成结果如图4-13所示。

表4-2　各style参数含义

style参数	参数含义
--style cute	创建迷人的、可爱的角色、道具和摆设
--style original	应用Niji模型版本5的原始美学造型
--style scenic	在梦幻环境下制作漂亮的背景、人物角色
--style expressive	创建较为复杂的插图

图4-13（a） Niji模型下不同style参数生成图片

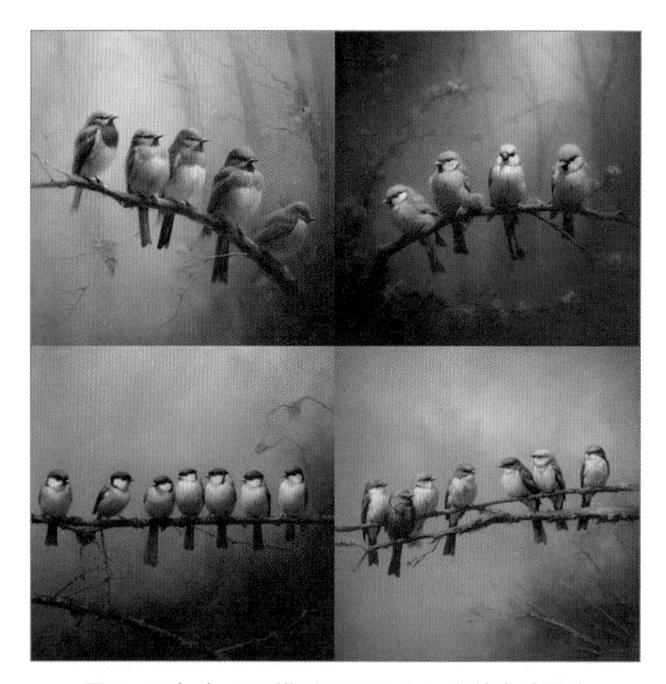

图4-13（b） Niji模型下不同style参数生成图片

综上所述，切换版本、风格时可将--v 4 --v 5 --v 5.1 --v 6 --niji 5 --style cute --style expressive --style original --style scenic等添加到关键词的末尾。

（2）风格化程度

设置图片的风格化参数，不同的版本模型具有不同的风格化范围，见表4-3。

表4-3　不同版本风格化范围

名称	version 5,5.1,5.2（版本5以上）	version 4（版本4）	niji 5（Niji 版本5）
Stylize default（风格化默认值）	100	100	100
Stylize Range（风格化范围）	0~1 000	0~1 000	0~1 000

- Stylize low（低风格）--s 50

该选项生成的图像较为模糊，细节不太清晰，但生成速度快。

- Stylize med（中等风格）--s 100

该选项为默认设置，在生成图像速度和细节方面取得了更好的平衡。

- Stylize high（高风格）--s 250

该选项生成的图像具有更多的细节和更清晰的轮廓，但需要更长的生成时间。

- Stylize very high（极高风格）--s 750

该选项生成的图像目前具有最高的细节和清晰度，但需要更长的时间、消耗更多的计算资源，低程式化值生成的图像与关键词非常匹配，但艺术性较差；高程式化值生成的图像非常具有艺术性，但与关键词的关联较少，即数值越低越趋近于提示词，数值越高 Midjourney 会加入更多“自己”的想法。

（3）图像展示模式

在公共模式和隐身模式之间切换，对应于/public和/stealth指令，如图4-14所示。

Public mode（**公共模式**）：指对于专业计划的用户利用/public切换到公共模式，与/stealth相反。

Stealth mode（**隐身模式**）：指对于专业计划的用户利用/stealth切换到隐身模式，意思是生成的图片不在Midjourney.com展示，为防止其他人看到而自己使用隐身模式创建的图像，一般在私信或私人 Discord 服务器上生成图像。

图4-14　图像展示模式选择按钮

（4）Remix mode（再合成模式）

更改关键词、参数、模型版本或变体之间的纵横比，可通过/prefer remix切换。

Remix 将采用起始图像的总体构图并将其用作新作业的一部分，重新混合可以帮助改变图像的设置、照明、主题以及实现棘手的构图。启用 Remix 后，对每个变体编辑关键词。使用指令/prefer remix或使用/settings指令切换到Remix mode，点击Make

Variations按钮添加新的关键词，按【Enter】键生成新图，如图4-15所示。

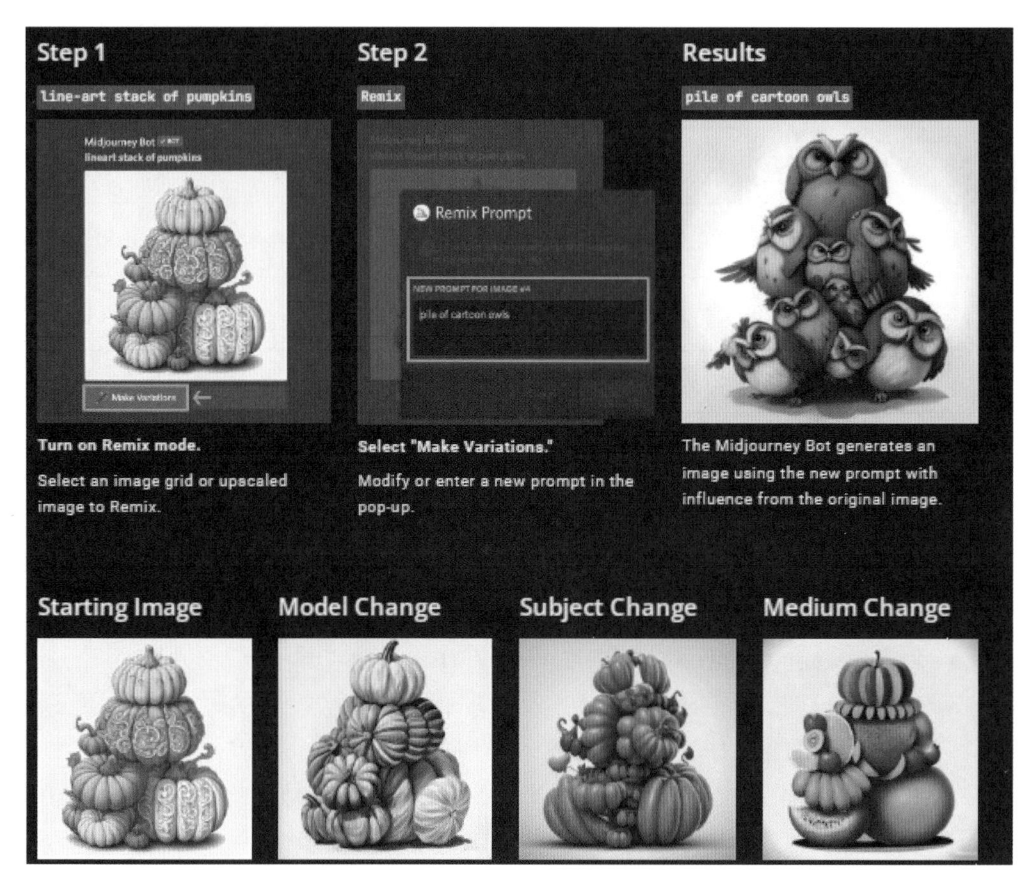

图4-15　Remix mode启用和生成结果

（5）**成像效率模式**

Fast mode（快速模式）和Relax mode（松缓模式），利用/fast和/relax进行切换。

Fast mode（快速模式）可以获得更快的生成速度，但每个月GPU时间会有一定的限制。如果GPU时间用完则需要在网站上购买，使用快速模式能够极大地提升工作效率，尤其是需要生成大量图像时；Relax mode（松缓模式）下，生成的作品不会快速消耗 GPU 时间，但图像需要更长的时间才能生成。因此，松缓模式更适合对时间要求不严格或不需要快速生成的作品。

4．/describe 图片描述

该指令可以自动生成与上传图像相对应的文本描述。使用该命令的好处是可以快速生成相对精确、有效的提示词框架。这个命令的实现也大大简化了图像生成的过程，因为用户不再需要从头手动编写提示词。

1 在输入框中输入“/”，即可反显部分指令，这里选择“/describe”指令，如图4-16所示。

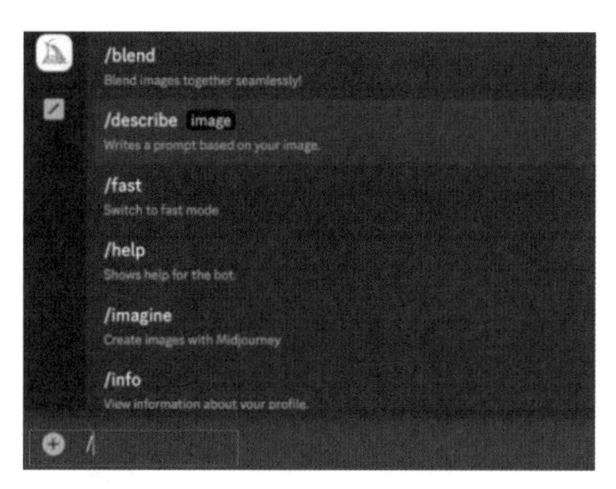

图4-16　选择“/describe”指令

2 在弹出的窗口中上传图片，将要用于生成提示词的图片拖动到上传窗口区域，如图4-17（a）、图4-17（b）所示。

图4-17（a）“/describe”指令图片上传窗口

图4-17（b）上传需要的图片的提示词

3 按【Enter】键上传后，稍等片刻Midjourney就会输出四段提示词，可以选择其中一项生成图片，也可点击“imagine all”按钮生成提示词的全部图片，如图4-18所示。

图4-18　点击“imagine all”按钮

4 四段提示词生成的图片效果如图4-19所示。

图4-19　四段提示词生成的图片结果

目前来看，通过 /describe 指令生成的提示词与原图的相似度结果还是比较随机的，可能只是判断出主体的风格。**如果想要追求更高的相似度，可以使用"垫图 + 提示词"相结合的方法，并通过后续不断调整提示词来得到一个更加接近原图的效果。**

5．/shorten 精练提示词

Midjourney 5.2 版本中帮助读者分析提示词中使用的单词和短语。突出显示提示词中一些有影响力的单词，并建议可以删除的不必要单词，使用此命令可以通过关注基本术语来优化提示词，如图 4-20（a）和图 4-20（b）所示。

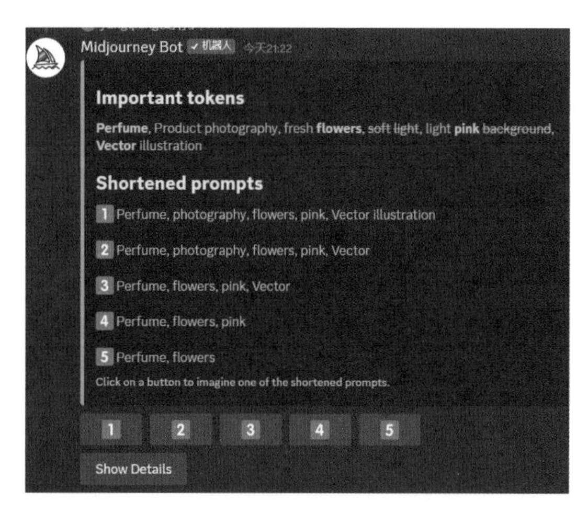

图 4-20（a） /shorten 指令结果

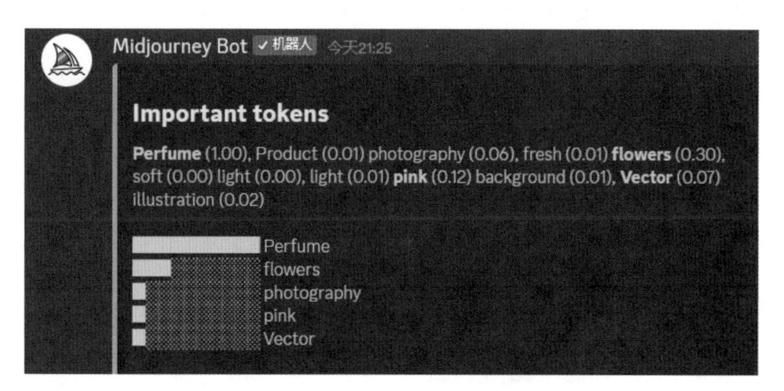

图 4-20（b） /shorten 指令结果

通过使用 /shorten 指令，显示分析提示词中每个单词的权重，权重范围 0～1。同时分析了可以省略的单词以及重要的单词，可以根据新的提示词生成新的图像。

4.4　运用后缀参数生成精美图像

在使用 Midjourney 生成图片时，除了提示词要写好之外，parameters（后缀参数）也是非常重要的一部分，它可以帮助我们更加精确地控制图像生成的方式，本节将对 Midjourney 创作所涉及的后缀参数进行说明。

4.4.1 认识基本后缀参数

在创作图像的过程中，经常会在提示词后添加后缀参数调节图像的生成结果，例如：图像的宽高比、风格化程度、完成度等，都是提高 AI 绘画能力必须了解的部分。

- **宽高比**（aspect ratios）：--aspect，或--ar调整图片的比例。
- **混乱**（chaos）：--chaos <number 0 -100>改变结果的多样性，较高的值会产生更多不寻常和意外结果。
- **负面提示**（no）：--no“负面”提示，在提示词末尾加上 --no 可以让画面中不出现某些内容。
- **生成质量**（quality）：--quality <.25, .5, 1, or 2>，或--q <.25, .5, 1, or 2>要花费多少渲染质量时间，默认值为 1，值越高渲染时间越长，值越渲染时间越短。
- **种子**（seed）：--seed <integer between 0–4294967295>用过 Midjourney 的读者会发现在发送提示词后，一开始的图像里会有一个非常模糊的噪点团，然后逐渐变得具体清晰，而这个噪点团的起点就是“seed”，种子编号是为每个图像随机生成的，但可以使用 --seed 或 --sameseed 参数指定。使用相同的种子编号和提示将产生相似的结束图像。
- **停止**（stop）：--stop <integer between 10–100>使用 --stop 参数在流程中途完成作业。以较低的百分比中止作业会产生较模糊、不详细的结果。
- **平铺**（tile）：--tile参数生成可用作重复拼贴的图像，以创建织物、壁纸和纹理的无缝图案。
- **版本**（version）：用--version或--v参数或使用/settings命令并选择型号版本来使用其他型号。不同的模型擅长处理不同类型的图像。
- **风格**（style）：--style <4a, 4b or 4c>在 Midjourney 模型版本4中的版本之间切换；--style <cute, expressive, original, or scenic>在niji 5之间切换。
- **风格化**（stylize）：--stylize <number>，或--s <number> 参数会影响 Midjourney 的默认美学风格应用于图像的强度。

4.4.2 常用后缀参数的含义及用法

- --ar：aspect ratios（宽高比），宽高比是指图像宽度与高度之间的比例关系，通常用冒号隔开的两个数字表示，比如 7∶4 或 4∶3 。在 Midjourney 中使用参数“ --aspect 或 --ar（简写）”，可以改变生成图像的宽高比。

这里有三个要点必须强调下：1 --ar *x*:*y* 中的 *x* 和 *y* 必须为正数；2 宽高比的改变会影响生成图像内容的形状和组成；3 在使用 U 按钮（升档）放大图像时，某些宽高比可能也会略有改变。

- --chaos：该后缀参数用于影响初始四宫格出图的多样性。参数的数值越高，生成图像的构图和风格就会更加多样化。可以使用“--chaos 或 --c（简写）”来表示，其取值范围在 0～100 之间，而默认值为：--chaos 0（即，不写该后缀参数默认就为 0）。在实际使用时，适当地调整"--chaos"参数值可以用于获得不同的创意效果和灵感。

--c 0 时，较低的值或不指定值将在每次运行作业时生成相似的初始图像网格。

--c 25 时，使用中等值将生成初始图像网格，每次运行作业时，这些网格略有不同。

--c 50 时，使用较高的值将生成初始图像网格，每次运行作业时，这些网格更加多样化和意外。

--c 80 时，使用极高的值将生成初始图像网格，这些网格是可变的，并且在每次运行作业时都具有意想不到的构图或艺术媒介。

- **--seed：**Midjourney 生成图像时，最开始的图像有一个模糊的噪点，这个噪点即是种子，继而根据种子来创建一个视觉噪声场，作为生成初始四宫格图像的起点。

每个图像的种子值是随机生成的，但可以使用"--seed"参数来指定。对于 v4 / v5 / niji 模型来说，相同的 seed 值和完全一样的提示词（包括空格、标点符号等）将产生完全一致的四宫格初始图像，因此可以利用这一点生成连贯、一致的人物形象或场景，但是因为目前技术性限制这里所谓的"一致"还并非能做到 100%。

那么如何确定一张图片的种子值呢？首先找到初始四宫格图像，鼠标悬浮后会出现右侧的这组图标，先选中"超级反应"区域，然后在输入框内输入英文单词"envelope"，最后选择"第一个信封图标"，如图4-21所示。

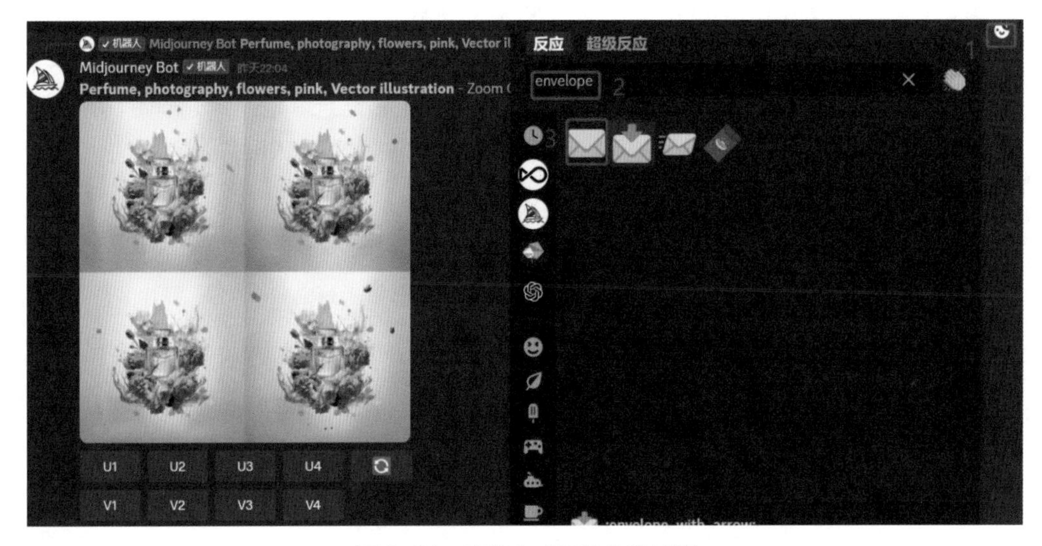

图4-21　查找生成图片的种子值

此时 Midjourney Bot 会发送一条私信告诉你这张图的种子值是多少，点击后可以进行查看，如图4-22所示。

图4-22　图片的种子值

本章主要以“如何用Midjourney创作你的第一幅图片”为切入点，详细向读者介绍创作所包含的三大类要素，即操作指令、关键提示词、后缀参数，掌握以上要点读者完全可以创作出风格多样、细节丰满的图片。在此基础上，结合其他图片处理工具，就可以打造亚马逊运营所需要的各类图片，下面将以案例的形式展现Midjourney与亚马逊电商的有机融合。

第5章

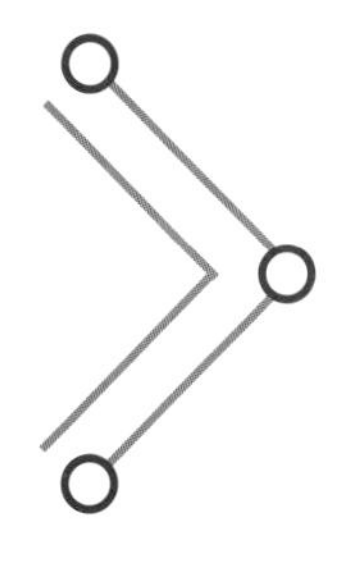

商品场景图生成与融合实战

Midjourney的风格化能力专业且丰富，反映出其做了很多场景的风格化学习，此外只需要很少的提示词就会给使用者呈现极强的构图和艺术效果，为使用者带来很高的感受，当然无论是“文生图”还是“图生图”，生成的结果都无法实现100%控制。结合跨境电商方向来看，仅用Midjourney无法保证生成图中商品样式与原图的一致，**因此对于卖家而言，可以采用“Midjourney+Photoshop”的模式，即“用Midjourney做场景，用Photoshop做合成”，以此实现电商主图产出的高效化、理想化、低成本化。**

5.1 利用Midjourney创作场景图

以亚马逊跨境电商平台“train toys”（玩具火车）为例，首先准备产品图、参考场景图等，如图5-1所示，其为“train toys”的产品图与参考场景图（这里以亚马逊店家图片为例），参考场景图核心点为child（儿童）以及christmas（圣诞）。

图5-1（a）“train toys”产品图

图5-1（b）“train toys”参考场景图

Midjourney目前的功能决定了不能实现拼图以及生成与参考图的细节完全一致的图片，如图5-2所示，以“train toys”产品图生成的AI图片整体风格与原产品图很类似，但细节上并不一致，所以只利用Midjourney生成场景图，利用原图作为参考图，可以将图片的链接地址先保存，后续用的时候只拖入提示词对话框即可。具体提示词如下：

提示词：“图5-1（a）链接”，一辆黑色和棕色的小玩具火车正沿着铁路行驶，风格逼真、效果图详细，闪烁的灯光效果，深灰色和黄色，深品红色和浅黑色外观，迷人的灯光效果，--宽高比16：9 --权重2 --版本5

Prompt：https://s.mj.run/4NLYhjh97jc, a small black and brown toy train is being pulled along the railroad, in the style of realistic and hyper-detailed renderings, flickering light effects, dark gray and yellow, dark magenta and light black appearance, captivating light effects, --ar 16：9 --iw 2 --v 5

5.1.1 确定整体风格

商品风格确定有两种方式：自主创作和模仿创作，具体如下：

第一种自主创作，即卖家根据自身商品已经构思好想要的风格和元素，如科技感、深色背景、海洋风格等，选择这种方式的卖家可以直接在“/imagine”指令中输入提示词生成场景图，通过不断迭代、优化最后得到自己满意的效果；

第二种模仿创作，即利用他人图片的灵感，或根据自己的要求找风格相似的图来形成自己场景图，选择这种方式的卖家可以先将意向场景图上传到自己的服务器中，方便后续使用，在“/imagine”指令中添加意向场景图的链接，如图5-2对应的指令，再生成场景图。

图5-2 “train toys”AI产品图

5.1.2 生成场景图片

上传的参考场景图不建议包含商品在内，否则产出的AI图片依旧会有商品的变体存在，这里以图5-1（b）为例，生成结果如图5-3所示。具体提示词如下：

提示词："图 5-1（b）链接"，孩子坐在圣诞场景旁，展示棕色和黑色的玩具火车，风格以火车颜色为核心，微笑，传统工艺，结合自然和人造元素 -- 宽高比 16:9 -- 版本 5

Prompt：https://s.mj.run/cWo5uvBAwVo, the child is sitting beneath a christmas scene, displaying brown and black toy trains with a style centered around train colors, smiling, traditional craftsmanship, combining natural and artificial elements --ar 16：9 --v 5

图5-3　带商品变体的AI场景图

综上所述，需要对场景图做简单处理，剔除相应产品，上传剔除后的图片作为最终的场景参考图，同时也可利用"/describe"指令，提取场景参考图的描述作为辅助参考，Midjourney 反馈的描述可以直接使用，也可以在此基础上做修改后使用。本例针对图 5-1（b）做一个简单的修改，裁剪掉产品部分后如图 5-4 所示。

图5-4　剔除商品的参考场景图

准备就绪后开始执行"/imagine"指令，可以通过多次整体迭代或对某张图片进行迭代来选择自己满意的场景图，具体提示词如下：

提示词：此处为图5-4的链接，孩子坐在圣诞场景旁，展示棕色和黑色的玩具火车，风格以火车颜色为核心，微笑，传统工艺，结合自然和人造元素 --宽高比16:9 --版本5

Prompt：https://s.mj.run/cWo5uvBAwVo, the child is sitting beneath a christmas scene, displaying brown and black toy trains with a style centered around train colors, smiling, traditional craftsmanship, combining natural and artificial elements --ar 16:9 --v 5

生成结果如图5-5（a）和图5-5（b）所示，此处只展示部分生成结果。

图5-5（a） 部分AI场景图展示1

图5-5（b） 部分AI场景图展示2

卖家根据自己的需要自行判定选取，本文以图5-6作为最终的"train toys"场景图片。

图5-6 "train toys"AI场景图最终版

5.2 利用 Photoshop 工具融合图片

场景图确定之后，要将场景图与产品图进行融合，对于产品图通常也有两种方式进行确定：

第一种组织拍摄：对于手中有实物商品的卖家，可以组织进行初步拍摄，依靠自身或者团队都可以，但注意优先选取纯色作为产品背景色、避免出现大面积阴影等，方便后期处理。

第二种网站筛选：对于手中暂时没有实物商品或者由于各种原因无法自行拍摄的卖家，可以参考亚马逊同类商品图片，筛选符合自身要求的进行后期处理。

但无论采用何种方式，为保证最后成品的效果，建议使用Photoshop等图像处理工具来做相应的编辑，下面将以Pixelcut AI（一种先进的人工智能技术，用于图像编辑和处理）为例进行展示，其他类似图像处理工具将在后面章节做详细讲解。

5.2.1　Pixelcut AI工具简介

Pixelcut AI的核心为一键生成产品图，卖家可以一键上传，工具会根据AI技术自动生成想要的产品效果图，除了产品图，Pixelcut AI还可以做拼图、去背景、无损放大、一键去除，也能对图片进行文本、贴纸、背景的组合，对于卖家产品图的合成可谓十分方便。

目前Pixelcut AI大部分功能是免费的，除非需要批量操作或者专业的图片，才开始收费。

5.2.2　准备商品图

由于没有“train toys”实体产品，故参考亚马逊跨境电商平台的“train toys”商品图，这里卖家可以多选取一些意向图片做备用，如图5-7所示。

图5-7　备选“train toys”原商品图

下面以图5-7的图片为例，利用Pixelcut AI提取其中的“train toy”，具体操作步骤如下：

1 打开Pixelcut AI网站，选中“Background Remover”（背景去除）选项，如图5-8所示。

2 在打开的窗口中点击“Upload a photo”按钮上传图片，如图5-9所示。

3 点击右上角的“Download HD”（高清下载）按钮，即可下载去除背景之后的图

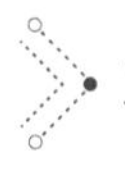

片，如图 5-10 所示。**需要注意的是如果自动去除背景后还有除商品之外的部分，卖家则可以在上传前对产品图做裁剪，保证图中只有商品。**

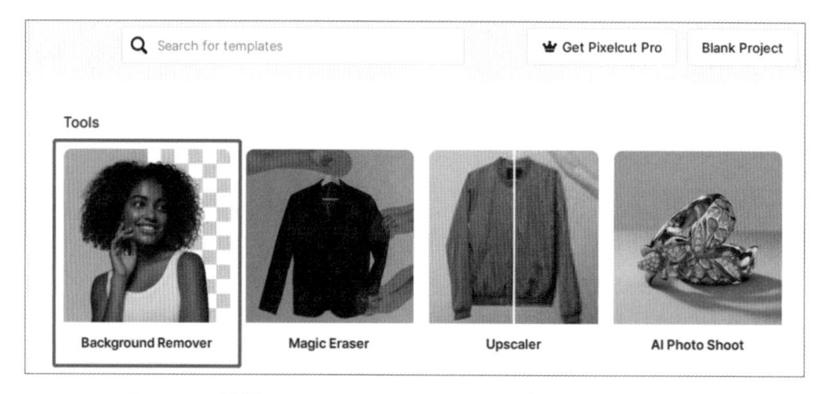

图5-8　选择Background Remover（背景去除）工具

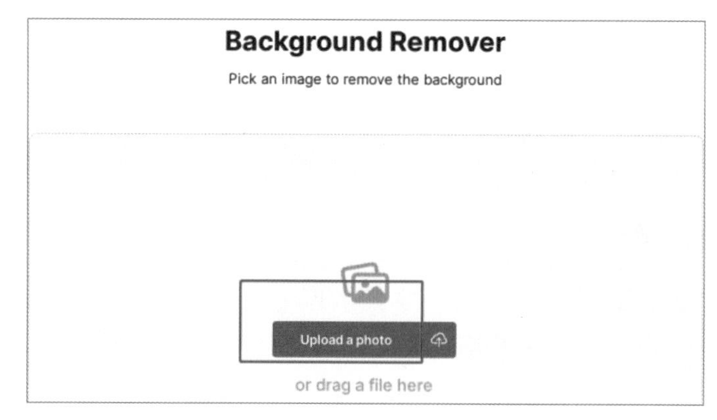

图5-9　上传产品图片

图5-10　商品图片去除背景并下载

5.2.3　图片融合

当卖家准备好场景图及产品图之后，就可以将两张图片进行融合，具体步骤如下：

1 进入网站首页，点击右上角的“Blank Project”（空白工程）按钮，如图5-11所示。

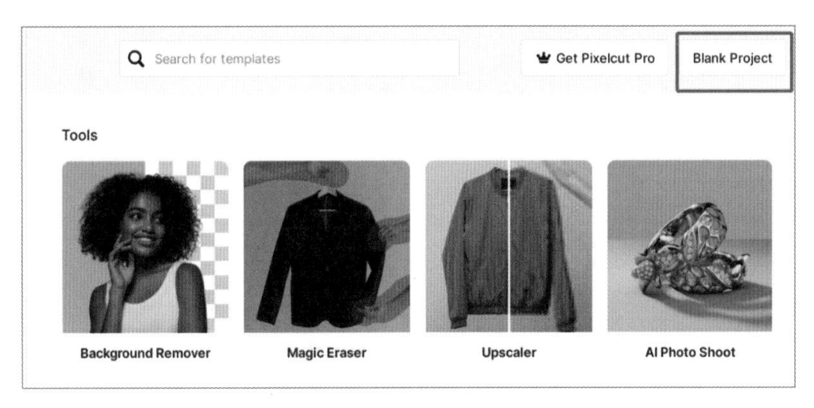

图5-11　新建空白工程

2 首先选择“Background”（背景），其次在弹出的菜单中选择“Replace Background”（替换背景）选项，然后选择“My Photos”（我的照片），最后点击蓝色按钮“Upload a photo”（上传图片）按钮，至此图片添加完成，如图5-12（a）至图5-12（d）所示。

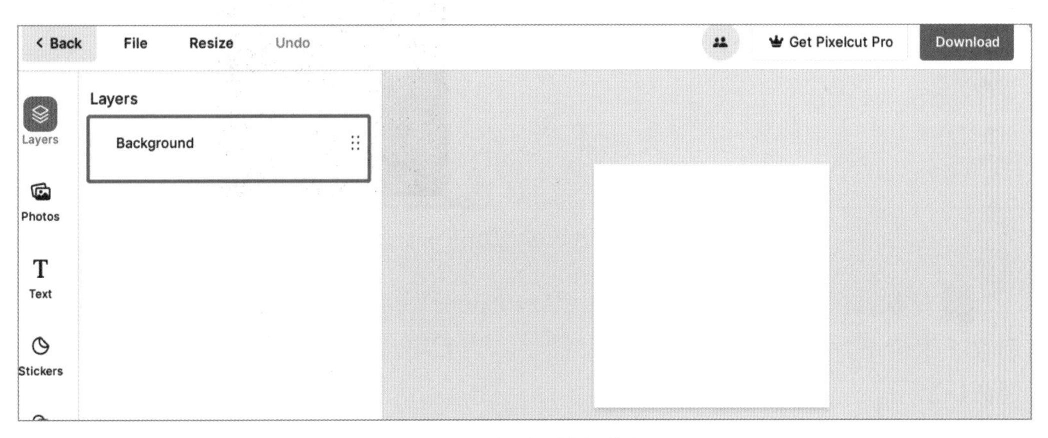

图5-12（a）　选择背景

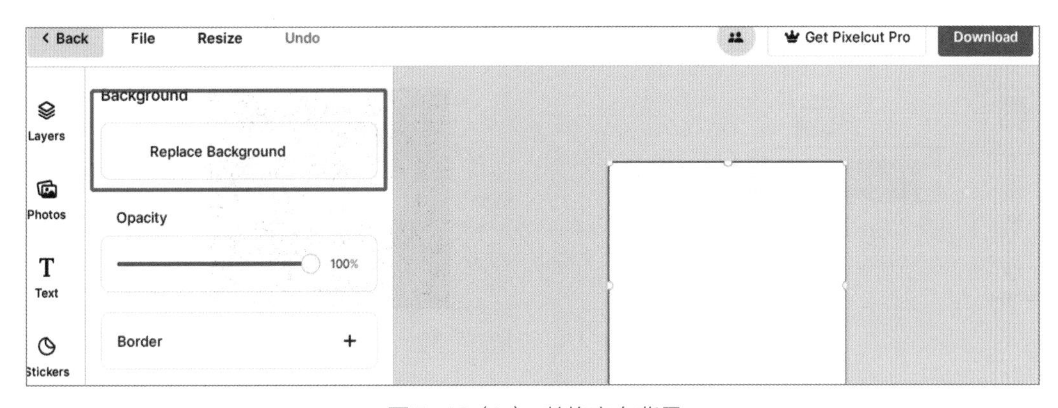

图5-12（b）　替换空白背景

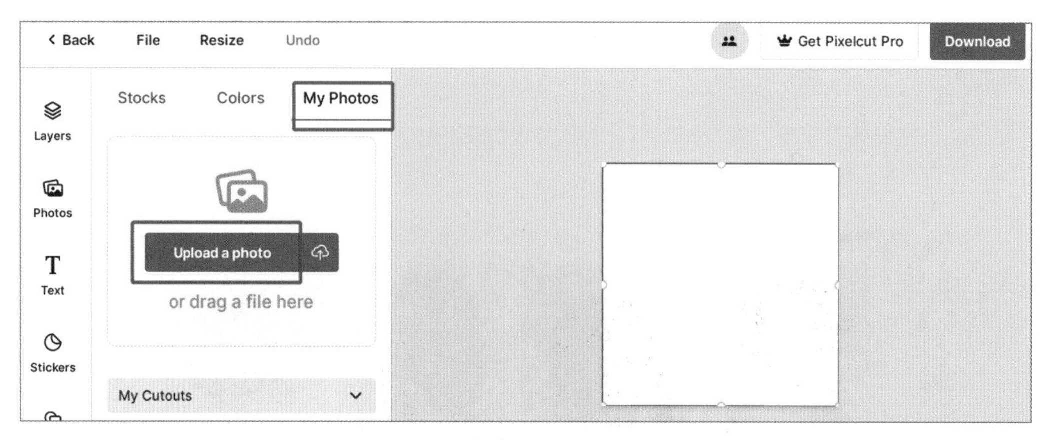

图5-12（c） 上传场景图片

图5-12（d） 场景图片添加完成

3 依次选择“Photos”（图片）→“My Photos”（我的图片）→“Upload a photo”选项（上传图片）添加产品图，产品图加入之后可以调整一下位置，如图5-13和图5-14所示。

图5-13 添加产品图

图5-14　场景图+产品图展示

4 添加产品图之后可以对画质进行微调，使场景图能更好地匹配，选择“Layers”（图层）→“Image”（图片），打开修改面板，如图5-15所示。

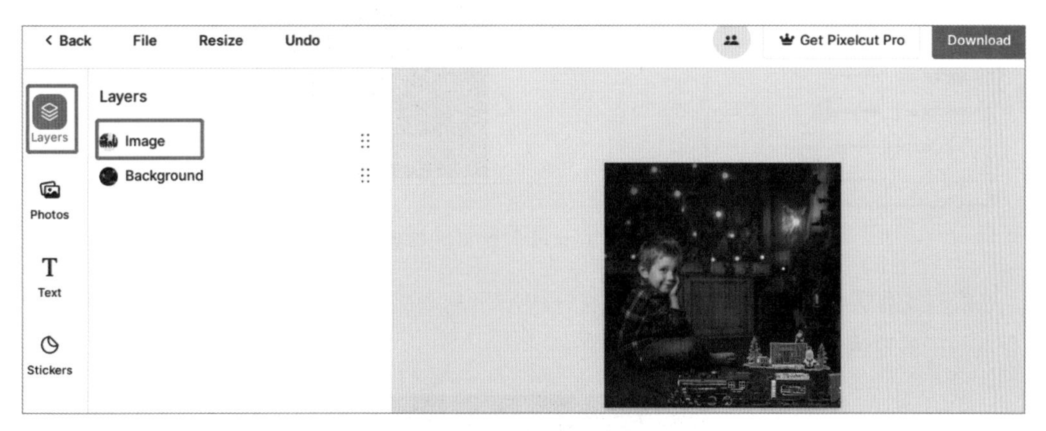

图5-15　图片画质微调

5 修改面板中的参数，本例主要使用“Shadow”和“Adjust”参数，如图5-16所示。

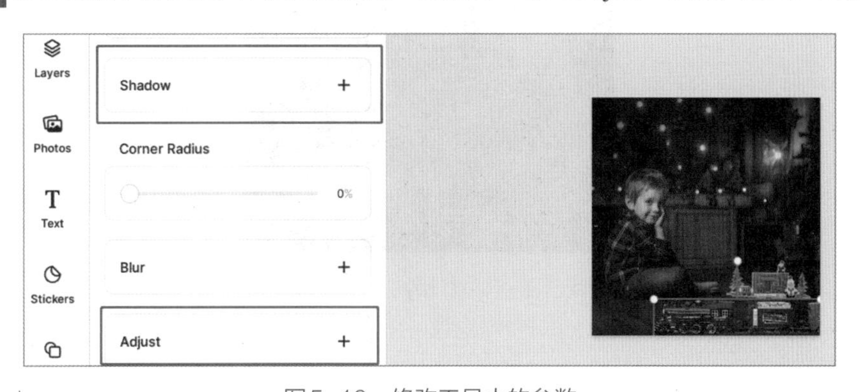

图5-16　修改工具中的参数

6 打开“Shadow”区域，可以看到参数面板，如图5-17所示。分别代表水平阴影、垂直阴影、模糊程度以及不透明度，卖家可以根据场景图片实际情况进行实时调整。

图5-17 “Shadow”区域的参数展示

7 打开“Adjust”区域，可以看到参数面板，如图5-18所示。分别代表亮度、对比度、饱和度、锐度、色温、色调，卖家可以根据场景图片的实际情况进行实时调整。

图5-18 “Adjust”区域的参数展示

经过对图片一系列的调整，形成图5-19所示的商品图，追求细节完美的卖家可以结合其他工具对生成的图片进行再次修整。

图5-19 “train toys”商品场景图

5.3 商品场景图之手机壳

随着移动通信技术的不断发展，手机已经成为我们日常生活中基本的通信工具之一，而在手机的各类衍生品中，手机壳的作用十分显著。以亚马逊平台“iPhone case”为例，可以搜索到众多类型的产品，本节选取其中的Transparent phone case（透明手机壳）进行讲解。

5.3.1　确定参考图

亚马逊平台商家的店中随机选取两张图作为参考，图5-20（a）为亚马逊卖家的商品主图，图5-20（b）为买家的买家秀，通过对比、分析筛选AI生成图片可能需要的细节内容。

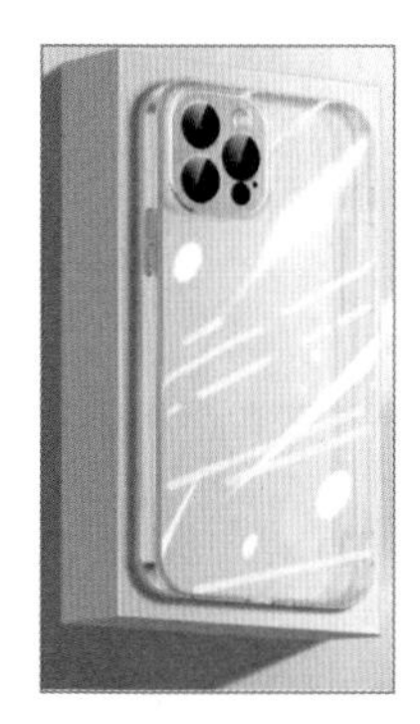

图5-20（a）　亚马逊商家主图

图5-20（b）　亚马逊买家的买家秀

第一，结合商品主图和店家的卖点描述来看，其“iPhone Transparent case”（iPhone透明壳）特点可以概括为Transparent（透明）、given to philandering（轻薄）、soft（柔软）等，作图时可以结合其特点填写提示词；

第二，结合商品主图和买家秀来看，其商品主图并未准确展示更多的细节，因此在Midjourney生成图片之后可以使用Photoshop等图像处理工具对图像进行部分修改和优化；

第三，观察商品主图可以看出此图并不仅仅对手机壳进行展示，还结合了手机的部分特征，如摄像头、logo、侧边按键，因此读者在制作类似图片时也可借鉴此种方法。

基于以上的初步分析，可以选择生成单独的商品场景图和带手机的商品场景图两种，通过不同场景共同展示商品的效果。

5.3.2　手机壳单品场景图

对于“iPhone case”的展示，可以设计一个简单的展示场景，例如“一个手持iPhone transparent case的女孩”，背景可以是咖啡店、餐厅、书桌等，光线可以选择柔和、明亮等。具体提示词如下：

提示词：产品摄影，一个女孩拿着iPhone透明手机壳，超薄手机壳，低角度拍摄的风格，柔和的光线，咖啡店 --版本 5.2

Prompt：Product photography, a girl holding an iPhone transparent case, ultrathin case, in the style of low-angle shots, soft light, coffee shop --v 5.2

如图5-21（a）～（d）所示，经过多次生成得到上述风格类似的图片。

图5-21（a） 透明手机壳1

图5-21（b） 透明手机壳2

图5-21（c） 透明手机壳3

图5-21（d） 透明手机壳4

从上面可以看出无论是否有人像，Midjourney对于手部的处理还有待提升，除手部处问题，图片还有其他明显不足之处，如镜头处并非手机的特征、手机壳上仍有标志等，因此可以对提示词稍作修改，修改后的提示词如下：

提示词：适用于iPhone的透明手机壳，超薄手机壳，干净、极简的梦幻背景，木制办公桌 --无手部 --无标志 --版本 5.2

Prompt：a transparent case for iPhone , ultrathin case, clean, minimalist dreamy background, Wooden desk --no hands --no logo --v 5.2

还可以根据图片的实际生成情况进行多次修改，如图5-22所示，选取最贴近实际产品及自己喜欢的风格和场景，本例最后选取图5-23作为手机壳单品场景图。

图5-22　桌子上的透明手机壳

图5-23　透明手机壳单品场景图

仔细比对实际产品可以发现，一些细节之处与实际产品还是有所差距，如图5-24所示。**修改处1实际产品并未有如此凹陷，修改处2 手机摄像头实际空间占比要更大等。**

图5-24　透明手机壳图片的修改之处

下面使用Photoshop图像处理工具对其进行修改，具体过程如下：

1 利用“套索工具”在一块位置截图，如图5-25所示红框处。

图5-25 套索工具选取位置

2 把“套索工具”选取的位置拉长覆盖产品图的缺损处，如图5-26所示。

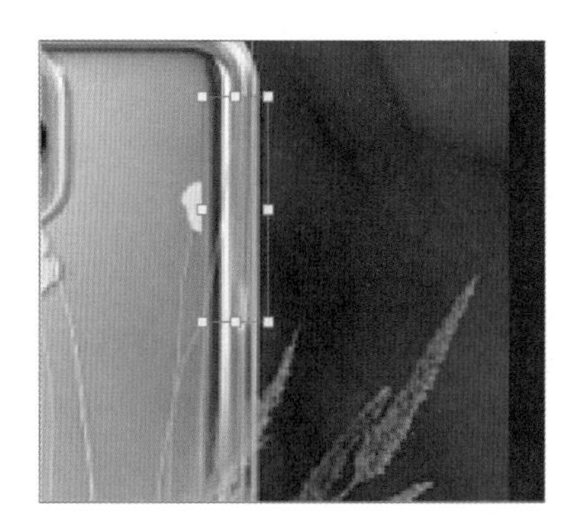

图5-26 覆盖产品图缺损处

3 利用“橡皮擦”工具擦除边缘部分，直到达到想要的效果，如图5-27所示。

图5-27 擦除边缘部分并美化

4 利用“套索工具”在红框处截取一块图，然后在摄像头处框选并等比例拉伸，直到自己想要的大小，如图5-28所示。

图5-28　调整产品图摄像头处大小

5 最终得到的成品图如图5-29所示。

图5-29　修改后透明手机壳场景图

5.3.3　手机壳 + 手机场景图

除单独展示产品外，还可以加入“穿戴”效果，下面选取紫色手机壳作为样例，如图5-30（a）～（d）所示，具体提示词如下：

（a）

（b）

图5-30　带有紫色的透明手机壳

（c）

（d）

图5-30　带有紫色的透明手机壳（续）

提示词：一款适用于紫色的透明手机壳，采用精确、逼真、闪亮的配色方案，注重细节 --版本5.2

Prompt：a transparent case for purple, in the style of precise realism, shiny, realistic color schemes, emphasis on detail --v 5.2

读者可以根据图片的实际生成情况进行多次修改，选取贴近实际产品及自己喜欢的风格和场景。

此处有一个小技巧：尽量选取AI生成图片中侧视角、特征少的产品图进行多次生成，这样可以减少部分特征和细节的生成，便于后期处理。本例最后选取图5-31作为"手机壳+手机"场景图。

与手机壳单品主图一样，部分细节会稍有不完美，如图5-32所示，**修改处（1）手机的摄像头没有黑点且实际空间占比要更大，修改处（2）logo在手机中部。**

图5-31　"手机+手机壳"场景图初版

图5-32　场景图需要修改的地方

下面使用Photoshop工具对其进行修改，具体过程如下：

1 用“修补”工具框选住黑点拉到空白处，如图5-33所示。

图5-33　去掉多余黑点部分

2 截取“苹果图标”复制一层，原图层使用修补工具框选并拉动到红圈处，最后用橡皮擦去除截取苹果图标边缘不需要的部分，如图5-34（a）和图5-34（b）所示。

（a）

（b）

图5-34　调整“苹果图标”所在位置

3 最终成品图如图5-35所示。

图5-35　“手机+手机壳”场景图终版

5.4　商品场景图之空气净化器

对于空气净化器而言，其十分适合居家类图片的背景，这里选取空气净化器，作为参考图如图5-36所示，主要元素包含沙发、书籍、书桌等。

图5-36　空气净化器

5.4.1　确定参考图

与“train toys”生成场景图的方式不同，本例采用“确定参考图+AI场景图（带产品）+融合产品图”的模式，因此最后的AI场景图并不是只有场景。

AI场景图有无产品一是根据产品本身细节多少，二是根据是否涉及复杂的光线、角度、环境情况等，最后结合实际生成图像的情况进行调试，此案例中选择AI场景图（带产品）的原因如下：

第一，图中空气净化器与“train toys”相比细节特征并不是特别多，无论是标志、高度、出风口等后期修图工作量都比较大，而“train toys”商品的车头样式、车窗位置等都需要后期处理，不如直接采用没有产品的AI场景图；

第二，空气净化器与“train toys”相比，阴影处理并不是太难，但是空气净化器在融合背景时会有更高的要求，如产品摆放位置、背景物品大小等，仅生成背景可能无法很好地融入产品，导致后期工作量加大，如图5-37（a）~图5-37（c）所示。

（a）

（b）

图5-37　空气净化器产品的场景图

（c）

图5-37　空气净化器产品的场景图（续）

如图5-37这个系列，经过多次迭代的AI场景图（不带产品）并没有特别符合“最少量修改”原则，因此调整思路直接生成AI场景图（带产品）。

5.4.2　生成场景图

1 利用“/describe”指令，提取背景参考图的描述作为辅助参考，并且保证生成的场景图中含有air purifier（空气净化器）、table（桌子）等元素，利用“/describe”指令可以一次生成四段提示词，读者可以根据需求及实际效果选取其中一段，本例选取的提示词及生成结果如图5-38所示。

提示词：一个小型装置放置在一张咖啡桌上，外观清爽，光彩照人，朦胧，波浪形，imax，爱德华·利尔风格，充满活力，活泼 --宽高比29:18

Prompt：the small device is sitting in a coffee table, in the style of crisp and clean look, radiant clusters, hazy, rollerwave, imax, edward lear, vibrant, lively --ar 29:18

图5-38　提取参考图中提示词的AI生成结果

2 读者可以依据生成结果筛选合适的图案继续进行修正、迭代，本例简单讲述修正过程：找出图5-38的seed值，圈定背景元素及风格；上传图5-34作为参考，并调整图片的权重和部分提示词，结果如图5-39所示。

提示词：(图5-39的链接)咖啡桌上放着一个小巧的空气净化器，外观清爽，朦胧，波浪形，imax，爱德华·利尔风格，充满活力 --宽高比29:18 --种子值3147309983 --权重0.5

Prompt：https://s.mj.run/m4La480_x7w, a small Air Purifier is sitting in a coffee table, in the style of crisp and clean look, radiant clusters, hazy, rollerwave, imax, edward lear, vibrant, lively --ar 29:18 --seed 3147309983 --iw 0.5

图5-39　空气净化器场景图（带产品）初版

5.4.3　图片融合

对于得到的图片可以基于“最少量修改”原则及风格喜好进行选择，本例以图5-39中的左下图片为例进行简单修改。

1 通过Photoshop工具将参考场景图中的产品抠取出来，如图5-40所示，将其拖入Photoshop后点击移除背景。

图5-40　移除产品图背景

2 将去除背景后的产品图直接置入到AI场景图中，并稍微调整大小及位置，如图5-41所示。

图5-41　去除背景的产品图与AI场景图融合

3 可以看到其底部阴影位置不对应且阴影程度不够深，需要稍加修改，具体步骤如下：

① 选择产品所在的图层，将此图层再复制一层，如图5-42所示。

图5-42　复制产品图层

② 选择图层1做投影效果，可以根据实际情况调整，本文具体参数调整如图5-43所示。

③ 为图层1添加蒙版，并用橡皮擦把背景多余的投影擦掉，如图5-44所示，读者可根据实际情况调整。

经过修改可以得到图5-45所示的商品场景图，相较于最初的融合有了一些明显的改变，但是如果读者追求更完美的效果，则需要准备更清晰的产品图、具备更深层次的修图技术。

图5-43　调整图层的投影效果

图5-44　去除背景多余投影

图5-45　空气净化器产品的场景图

5.5　商品场景图之狗粮

5.5.1　设定场景图

首先确定产品图，来自亚马逊跨境电商官网，如图5-46所示。

图5-46　亚马逊狗粮产品图

根据产品图构思想要的风格和元素，此案例可以采用“确定参考图+设定AI场景图（带产品）+融合产品图”的模式，因此最后生成的AI场景图并不是只有背景，而是带有同类产品。

可以初步设定如下元素：一只金毛犬、屋子、身边有狗粮、高级摄影感。具体提示词如下：

提示词：一只挨着狗粮的金毛寻回犬看着相机，宠物摄影 -- 宽高比9:16 -- 风格化 500

Prompt：A Golden retriever looked at the camera next to a bag of dog food，pet photography --ar 9:16 --s 500

选定其中一幅图片再次进行迭代，以上述两幅图片为例：图5-47（a）呈现出了狗粮及其产品包装，图5-47（b）狗粮散落在宠物犬四周，产品包装并未展示，针对不同的产品图采用不同的处理方式。

对图5-47（a）处理方式可以用实际产品图覆盖场景图中的产品，注意配合生成图中光影和产品大小，对于图5-47（b）处理方式则是首先寻找合适位置放置产品图片，然后设计阴影、调整整体的融入感。此例以图5-47（a）中的第2个和第4个为例继续变化迭代，第二轮生成带产品的场景图，如图5-48（a）和图5-48（b）所示。

图5-47（a） AI首轮生成的带产品的场景图1

图5-47（b） AI首轮生成的带产品的场景图2

图5-48（a） AI第二轮生成的带产品的场景图1

图5-48（b） AI第二轮生成的带产品的场景图2

可以看到生成的场景图已基本满足初步设定的要求，但是其背景以暗色调为主，如图5-49所示。

图5-49 AI第三轮生成的带产品的场景图

如果需要调整可以更改整体背景提示词，具体提示词如下：

提示词：一只挨着狗粮的金毛寻回犬看着相机，在院子里，宠物摄影 --宽高比 14:15 --风格化 500

Prompt：A Golden retriever looked at the camera next to a bag of dog food，In the yard，pet photography --ar 14:15 --s 500

修改提示词之后的图片背景、亮度甚至产品都发生了改变，这里以图 5-49 的第四张为例继续生成图片，如图 5-50（a）和图 5-50（b）所示。

图 5-50（a） AI 第四轮生成的带产品的场景图 1

图 5-50（b） AI 第四轮生成的带产品的场景图 2

生成之后的图片在光线、背景、布局上基本接近最终的效果，但是观察之后可以发现宠物的造型还可以继续调整，如腿部造型不够自然，继续调整提示词，如图 5-51（a）和图 5-51（b）所示。

图 5-51（a） AI 第五轮生成的带产品的场景图 1

图 5-51（b） AI 第五轮生成的带产品的场景图 2

提示词：一只挨着狗粮的可爱小狗看着相机，在院子里，宠物摄影 -- 宽高比 14:15 -- 风格化 500

Prompt：A cute dog looked at the camera next to a bag of dog food，In the yard, pet photography --ar 14:15 --s 500

经过多次修改，整体场景图效果已基本满足，也可以再利用一些提示词进行多次生成，考虑到实际产品的样式和后期修图工作量，如图 5-52 所示。

图 5-52　AI 场景图（带产品）最终版

5.5.2　生成场景图

针对选定的场景图，按照以前的案例操作直接融合修图，当然需要注意控制大小和阴影，此案例展示另一种方法：产品图融入场景图后上传 Midjourney 进行图生图，如图 5-53 所示。

图 5-53　产品图和 AI 场景图融合初版

提示词：（此处为图 5-53 链接）一只挨着狗粮的可爱小狗看着相机，在院子里，宠物摄影 -- 宽高比 14:15 -- 风格化 500

Prompt：https://s.mj.run/tMAIfcJmGcU A cute dog looked at the camera next to a bag of dog food，In the yard, pet photography --ar 14:15 --s 500

图5-54（a） AI第五轮生成的带产品的场景图1　图5-54（b） AI第五轮生成的带产品的场景图2

此案例以图5-54（b）中的第二幅图片为例，将其拖入Photoshop进行后期修图，具体操作如下：

1 打开场景图片并拖入准备好的产品图（即图5-46），如图5-55所示。

图5-55　产品图与场景图融合

2 调整产品图5-46的大小，使之覆盖场景图中的狗粮图片，如图5-56所示。

3 利用矩形选框工具框选图片所示的部分选区，按【Ctrl+J】组合键新建图层并移到最上层，如图5-57（a）和图5-57（b）所示。

4 选择橡皮擦中的柔光圆工具，调整画笔大小，对产品图四周进行擦除，如图5-58所示。

图5-56　调整原产品图大小

图5-57（a）　产品图部分位置修改1

图5-57（b）　产品图部分位置修改2

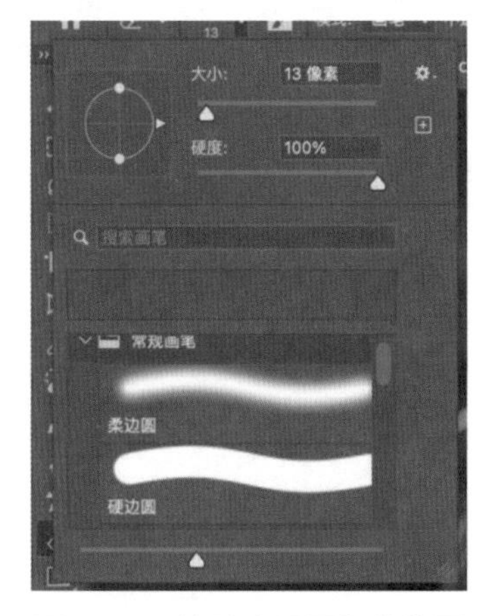

图5-58　擦除产品图部分位置

经过上述操作，得到图5-59所示的狗粮场景图。

图5-59 “狗粮”产品场景图

5.6　商品场景图之运动鞋

5.6.1　设定场景图

首先确定产品图，产品图来自亚马逊跨境电商官网，如图5-60所示。

图5-60　运动鞋产品图

根据产品图构思想要的风格和元素，此案例依然采用“确定参考图+设定AI场景图（带产品）+融合产品图”的模式，因此最后生成的AI场景图并不是单单只有背景，而是带有同类产品。

为了直观体现不同生成方式的差异性，此案例先不设定背景样式，仅提供提示词并由Midjourney自主生成，最后生成图片如图5-61（a）和图5-61（b）所示。

提示词1：耐克鞋，产品摄影 --风格化 500

提示词2：白色耐克鞋，产品摄影 --风格化 500

Prompt1：Nike shoes，product photography --s 500

Prompt2：white Nike shoes，product photography --s 500

图5-61（a） 提示词1的AI生成图片

图5-61（b） 提示词2的AI生成图片

可以看到，若不加限定词或者设置背景，那么Midjourney生成的图片可能更有创意性但与原图相差甚远，因此将白底产品原图上传至Midjourney，再根据原产品图生成场景图，修改后的AI场景图如图5-62（a）和图5-62（b）所示，具体提示词如下：

提示词：（此处为图5-60链接）耐克鞋，产品摄影 --风格化 500

Prompt：https://s.mj.run/BgYCciQRgqQ Nike shoes, product photography --s 500

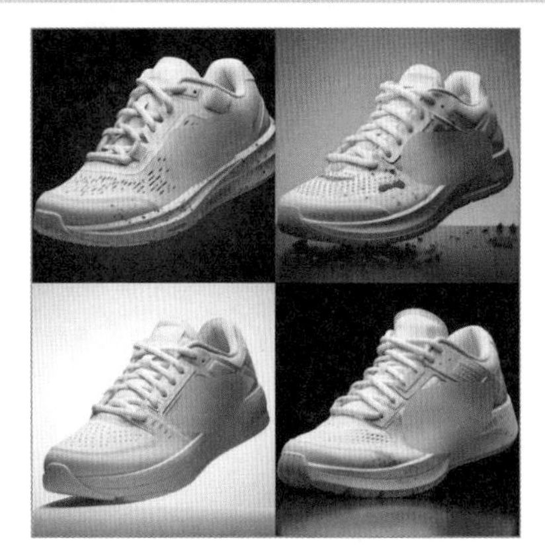

图5-62（a） 提示词3的AI生成图片

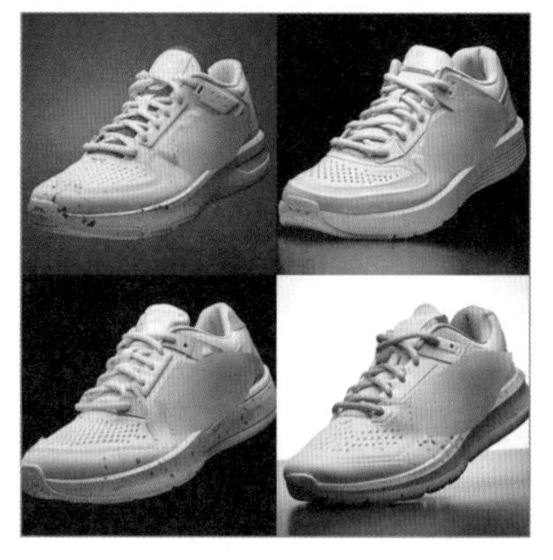

图5-62（b） 提示词3的AI生成图片

此时鞋子的角度和部分明显特征基本与原图相符，但是颜色、背景和更多的细节之处还有待提升，增加颜色词、背景词后继续进行迭代生成图像，结果如图5-63所示，具体提示词如下：

提示词：（此处为图5-60链接）展示柜上的白色耐克鞋，产品摄影 --风格化 500

Prompt：https://s.mj.run/BgYCciQRgqQ white Nike shoe on a showcase, product photography --s 500

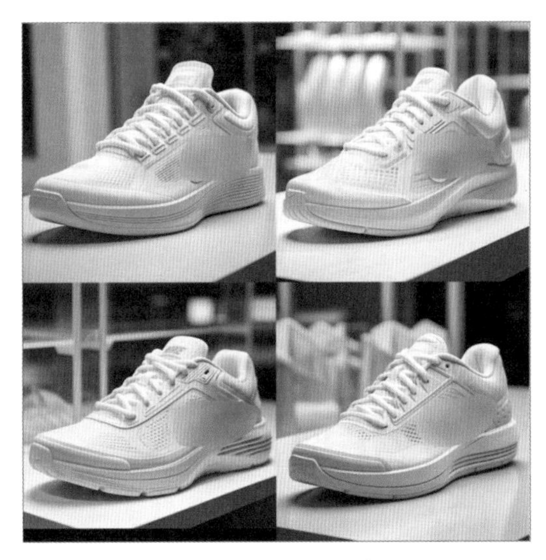

图5-63　提示词4的AI生成图片

经过多次图像生成，图5-63中的产品背景、样式、大小、角度等要素已基本完成，这里选取第3幅图生成场景图。

5.6.2　生成场景图

我们把生成的AI场景图片（见图5-63的第3幅图）、产品图（见图5-60）拖至Photoshop中进行后期图像处理，具体操作步骤如下：

1 可以通过Photoshop自带的“移除背景”工具，去除产品图的白底；

2 将修改后的产品图移到场景图片中，按【Ctrl+T】组合键选中产品图，调整大小以适应背景；

3 隐藏产品图片，选中AI场景图片（见图5-63的第3幅图）的涂层，在左侧菜单栏选中仿制图章工具，对背景中多余的（不能通过产品图覆盖）的部分进行修整；

4 鞋子底部的阴影处可以用仿制图章工具或者液化工具进行修改。

经过上述操作，本文最后得到图5-64所示的运动鞋场景图。

图5-64　运动鞋场景图

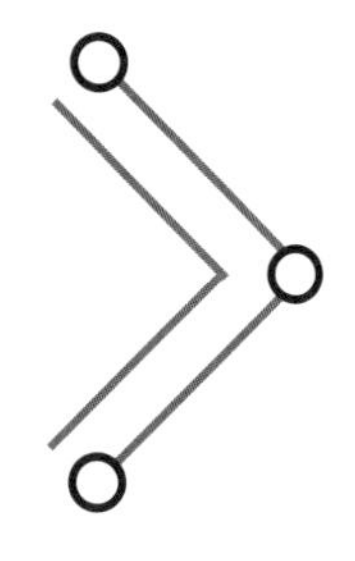

高点击转化率图片设计技巧

亚马逊平台其本质类似于线下“大型超市”，里面有成百上千万件产品，当买家点开亚马逊就相当于进入了这间“大超市”。

进入大门，首先映入眼帘的是超市推出的某个主题促销活动，例如圣诞节、新年活动等，商场中到处布满了各种主题活动装饰物料，吊旗、海报等，对应亚马逊上各种尺寸的banner（横幅图）和主题风格的促销海报；如果买家有明确的购物目的，会直接找到商品所在的区域，并开始在货架上查找所需的物品（对应亚马逊上各种类型产品分类）；如果买家有明确的品牌产品，就直接找这个品牌的产品（对应在亚马逊上直接搜索品牌）；如果只是想买一袋面包，买家则会浏览整个面包货架（对应在亚马逊上直接搜索产品）。

亚马逊上达成交易的整个过程正好对应图片的展示顺序，具体如下：

客户的交易过程：发现—确认—被打动—成交。

图片的展示顺序：主图—副图—A+页面图。

主图即相当于产品，副图相当于产品的外包装，A+页面图相当于一位专业的导购。主图关乎流量、副图和A+页面则关乎转化率，因此图片设计的终极核心即为追求较高的点击和转化。在看不到实物的基础上，可以说卖家吸引买家的就是**图片**！谁能够在图片设计上展示产品足够多的优势，谁就能在争夺客户的比拼中拔得头筹。

6.1 主、副图设计

6.1.1 主、副图设计原则

1. 主图设计原则

主图是在搜索界面首先呈现给用户的，当买家搜索产品关键词时，首先展现出来的就是产品的主图，想要提高产品的转化率，首先就要提高产品主图的点击率，因为有点击才可能有转化。因此，亚马逊卖家一定要想办法提高主图的点击率，通过设计产品构图、调整产品角度，来得到一张信息量最大、产品展示最全、外形最美观的产品图，具体可以遵循如下三个要点：

（1）干净整洁：主图尽量干净整洁，不要给买家产生凌乱不齐的感觉，也不能出现不相关的内容，纯白色的场景图，不要附带产品之外的文字，干扰因素一定要少。

（2）高清大图：主图的图片尽量大一些，并且还要非常清晰，这就需要卖家先使用较好的设备拍出高清图片，同时可以利用某些图像处理工具增加清晰度，后期处理的时候也要保持图片的高清晰度。

（3）亮点突出：一般来说主图都是商品的正面整体图，但也可以根据自己商品的实际情况进行展示。以服装类目为例，如果卖点在局部位置，可以将局部截图作为主图；如果卖点在背面，甚至可以将背面作为主图；鞋服饰品等类目的最好有真人模特，直观地展示上身效果比实物摆拍或者挂拍要好。

2．副图设计原则

相对于枯燥的文字描述，消费者更喜欢图文并茂的讲解形式，而一套好的图片，往往是在讲述一个完整的故事，应该具有一定的条理性，不能是杂乱无序的。

例如，图片顺序为：①白底产品图；②场景图；③卖点一+细节；④卖点二+细节；⑤卖点三+细节；⑥尺寸图；⑦包装图，该模式不一定适用于每一个类目，但条理性却是相通的。

在亚马逊官网中，产品展示界面第2张到第7张即为副图，通过图文的方式来反映该款产品的主要优点和性能等，副图可以大致分为的种类有：产品卖点图、产品使用场景图、产品分解图、产品尺寸图、使用方法展示图，对应设计原则见表6-1。

表6-1　不同图片的设计原则

图片种类	设计原则
产品卖点图	设计的简明扼要，重点展现该产品的核心卖点及特征，一般展示一至三个卖点
产品使用场景图	突出产品在某种场景中的使用效果，文字描述一定要符合场景
产品分解图	将每一个分解部位清晰地展现出来，并通过文字介绍告诉买家每个部位的名称以及作用
产品尺寸图	对产品部分角度的图片进行处理展示，一般来说为正视图和侧视图
使用方法展示图	设计得比较清晰，把产品每一步的使用方法展现出来

6.1.2　主、副图设计案例

以上文的空气净化器为例，结合clipdrop、AdTron、字由、Photoshop等图像处理工具对图片进行加工整理。

1．对图片大小、内容进行修改

若无特别指令从Midjourney上保存到本地的图片为1 024×1 024的大小，但不论哪种比例的图片都可根据自身需求利用clipdrop（一款图像和内容捕捉工具）中的Uncrop功能

（一项先进的图像处理功能，可还原被剪过的图像）修改大小或创成式填充，进而实现副图与A+图片的自由转化。

如图5-45所示，图片大小为1 392×864，先修改为大小1 024×1 024，再对图片内容进行创成填充，具体步骤如下：

首先，进入clipdrop主页，点击蓝色位置上传图片，如图6-1所示。

图6-1　clipdrop上传图片界面

其次，选择Square自动调整参数变为1 024×1 024（在弹出的菜单中从上到下四个参数分别为Custom自定义、Landscape横向、Portrait纵向、Square方形），点击Next按钮等待出图。若是不想在默认位置，还可以自行拖动图片进行缩放、变换等操作，如图6-2（a）、图6-2（b）所示。

图6-2（a）　参数调整界面图

图6-2（b）　图片缩放、变换界面

最后，下载生成结果，选择符合要求的图片进行下一步操作。该功能可以生成四幅图片，如图6-3（a）～图6-3（d）所示，可以看到实际效果基本满足副图的需求。

图6-3（a） 图片大小修改结果1

图6-3（b） 图片大小修改结果2

图6-3（c） 图片大小修改结果3

图6-3（d） 图片大小修改结果4

2. 图片增加文字

首先，在图片上的文字一定要突出产品特点，卖家可以采用AdTron工具确定符合当前商品的卖点词，点击“我要上架”按钮，确定商品种类后即可反馈众多卖点词。

本例在众多卖点词中选取三个关键词：dust、odor和allergen（灰尘、气味和过敏原），如图6-4和图6-5所示，特点可以写为Quickly filter dust, allergens & odors（快速过滤灰尘、过敏原和气味），小标题可以写为Simple yet Powerful（简单且有效）。

之后将选中的修改图片拖到Photoshop中，点击图6-6所示图标，选择横排文字工具，将内容填入其中：Simple yet Powerful（简单且有效），Quickly filter dust, allergens & odors（快速过滤灰尘，过敏原和气味），如图6-7所示可以看到字体大小、样式、位置都有待调整。

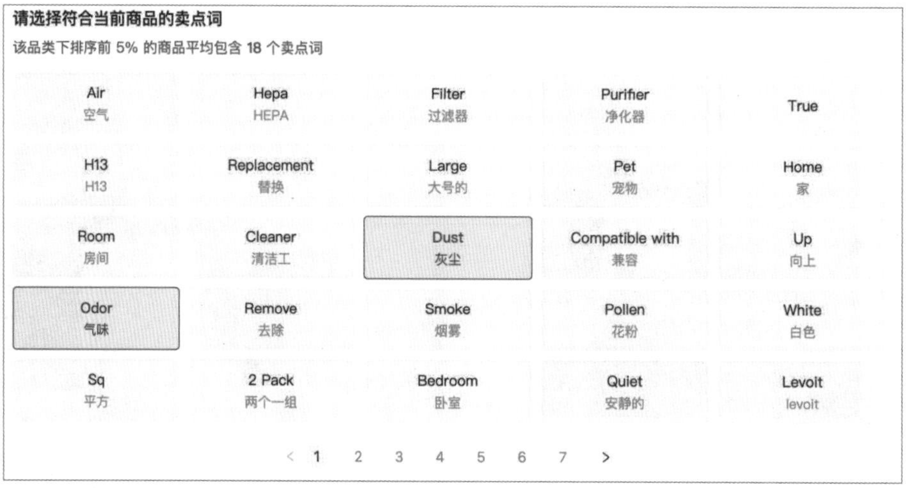
请选择符合当前商品的卖点词
该品类下排序前 5% 的商品平均包含 18 个卖点词
Air
空气
Hepa
HEPA
Filter
过滤器
Purifier
净化器
True
H13
H13
Replacement
替换
Large
大号的
Pet
宠物
Home
家
Room
房间
Cleaner
清洁工
Dust
灰尘
Compatible with
兼容
Up
向上
Odor
气味
Remove
去除
Smoke
烟雾
Pollen
花粉
White
白色
Sq
平方
2 Pack
两个一组
Bedroom
卧室
Quiet
安静的
Levoit
levoit
< 1 2 3 4 5 6 7 >

图6-4　空气净化器部分卖点词1

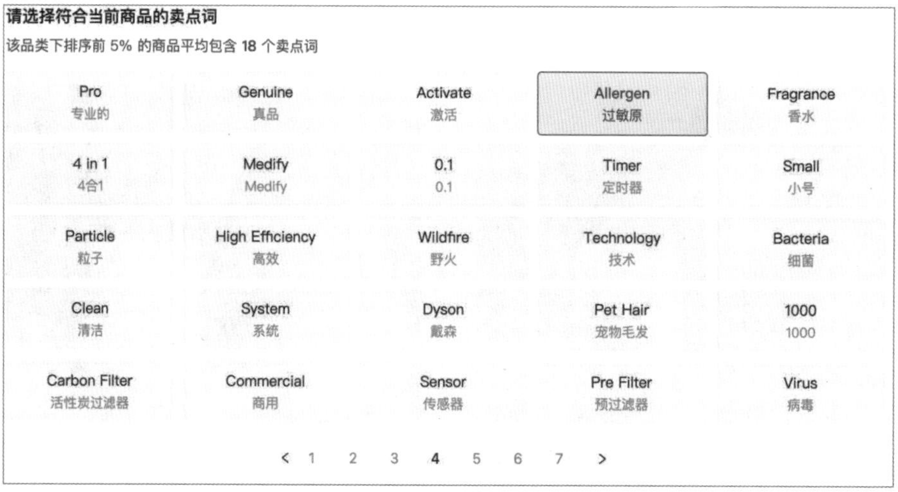
请选择符合当前商品的卖点词
该品类下排序前 5% 的商品平均包含 18 个卖点词
Pro
专业的
Genuine
真品
Activate
激活
Allergen
过敏原
Fragrance
香水
4 in 1
4合1
Medify
Medify
0.1
0.1
Timer
定时器
Small
小号
Particle
粒子
High Efficiency
高效
Wildfire
野火
Technology
技术
Bacteria
细菌
Clean
清洁
System
系统
Dyson
戴森
Pet Hair
宠物毛发
1000
1000
Carbon Filter
活性炭过滤器
Commercial
商用
Sensor
传感器
Pre Filter
预过滤器
Virus
病毒
< 1 2 3 4 5 6 7 >

图6-5　空气净化器部分卖点词2

横排文字工具
直排文字工具
直排文字蒙版工具
横排文字蒙版工具

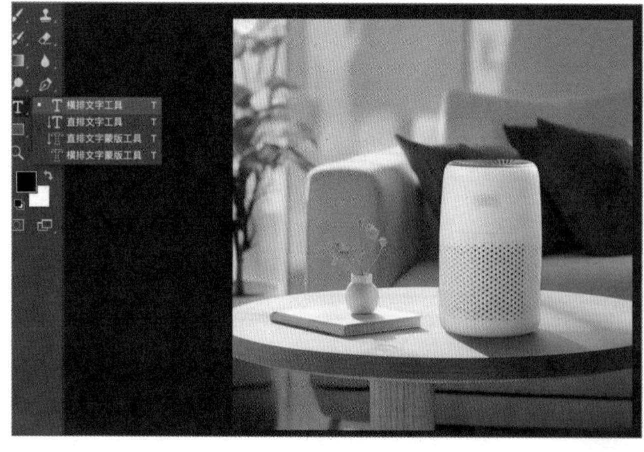

图6-6　横排文字工具

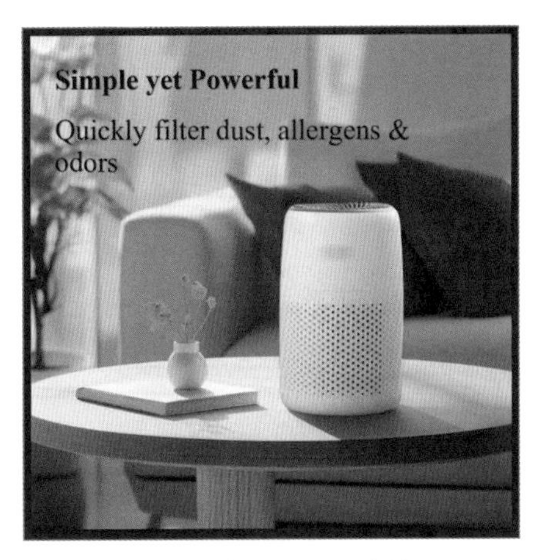

图6-7　输入文字后的效果

然后打开字由软件，选择免费商用字体，筛选出自己需要的点击激活，再回到Photoshop中字体会直接改变，简单调整一下内容位置和颜色即可，结果如图6-8所示，此案例中标题选取的是Poppins Bold字体。

图6-8　文字内容字体、位置、颜色修改

最后导出并保存图片即可，如图6-9（a）和图6-9（b）所示。这里图片的像素大小为1 024×1 024，可以默认保存此大小，也可以将图片像素的大小修改为1 500×1 500后保存，无论哪种尺寸后期处理图像时都可以用辅助工具实现调整大小、清晰度、矢量化等操作。

图6-9（a）　图片保存界面

图6-9（b）　带文字空气净化器场景图

6.2 A+ 页面图设计

A+页面可以理解为图文并茂、动静结合的商品详情页，它在副图的基础上对产品特性做进一步补充。卖家可以使用额外的图片和文本进一步完善商品描述部分，使用A+页面后有助于提高商品页面转化率，从而增加销量，并且减少退货和差评，还可以提高品牌的知名度。

6.2.1 A+ 页面图片设计要求

"图片衬托文字，文字描述图片"，A+页面就是通过文字与图片的相辅相成达到转化访客的目的。**创建成功的A+页面主要围绕以下三个原则：Attract、Spread、Transform。**Attract是指唤起顾客的欲望，让他们想把产品买回家；Spread意指对客户进行产品优势和特点方面的传播；Transform则是通过与品牌建立联系来将访客成功转化为购物者。

具体来说：页首横幅图片可以Attract吸引买家的目光、引起买家的兴趣；图表、幻灯片、图片文本模块和横幅图片可以帮助Spread分享有关产品的更多信息；最后结合品牌优势则可以将访客转化为购物者。

而在整体A+页面的设计中，图片的展示可谓基础中的基础，卖家要通过每一张图片的设计和布局，充分提炼卖点、补充卖点、展示卖点。

亚马逊平台会提供多个模块，以这些模块为单位，组成卖家最终A+排版形式。也就是说亚马逊电商的排版是被限定的，这点不同于国内电商平台。经过持续的观察与深入的研究，一般来说做得比较好的卖家其A+排版都是比较固定的。

以JOOFO为例，首先，添加品牌和商标，这个是非常常规的操作，目的也很明确，为了让买家相信我们是专业的，如图6-10所示。

图6-10　亚马逊JOOFO的A+界面图

其次，展示大幅度的场景，给访客一个代入感，这张图一般选用 970 × 600 的尺寸，同样要遵守产品主图、副图的一些规则，如图 6-11 所示。卖家也可以在这张图上添加一些辅助信息，如产品的功能等，但信息展示不要太过烦琐，一笔带过即可。

图6-11　亚马逊JOOFO的A+界面产品场景图

接下来，可以就产品的卖点进行比较详细的阐述，模块里面有图片、文本并列的展示形式，结合文案对产品的卖点进行描述，让访客全面了解产品，如图 6-12（a）所示。好的 A+ 图片让顾客节省思考的时间，这样就更有可能抓住卖家图片上展示的信息，从而激发访客的购买欲如图 6-12（b）所示。

图6-12（a）　亚马逊JOOFO的A+界面产品卖点图1

图 6-12（a）中文字说明：遥控器设计。JOOFO LED 现代落地灯设计了遥控器，方便用户在不离开沙发或温暖的床上的情况下随意开关灯或调节灯光。遥控器具有方便的磁性设计，可以固定在灯上，避免遥控器丢失的问题。灯具还可以通过灯上的触摸控制进行操作。

图6-12（b） 亚马逊JOOFO的A+界面产品卖点图2

图6-12（b）中文字说明：多年专注于落地灯。JOOFO团队专注于落地灯设计多年，不断推出高质量、独特、美观的产品，满足各种口味和风格的需求。提供现代简约和传统华丽两种风格的落地灯。

优秀的排版应该是有始有终的，如图6-13（a）和图6-13（b）所示的两张海报，**一是两张海报互相呼应，色彩、布局上这两者是比较接近的，很好地将整个版面融为一体；二是进一步展示、突出品牌的影响力。**

图6-13（a） 亚马逊JOOFO的A+界面产品宣传海报

在图6-13（a）这张图片中灯具具有可调节的色温设置，范围从3 000 K到5 000 K。

这张图片展示了同一个室内场景在三种不同色温的灯光照射下的效果。从左到右，色温依次是3 000 K、4 000 K和5 000 K。每个部分下方都有一个标签说明色温值和对应的灯光类型。

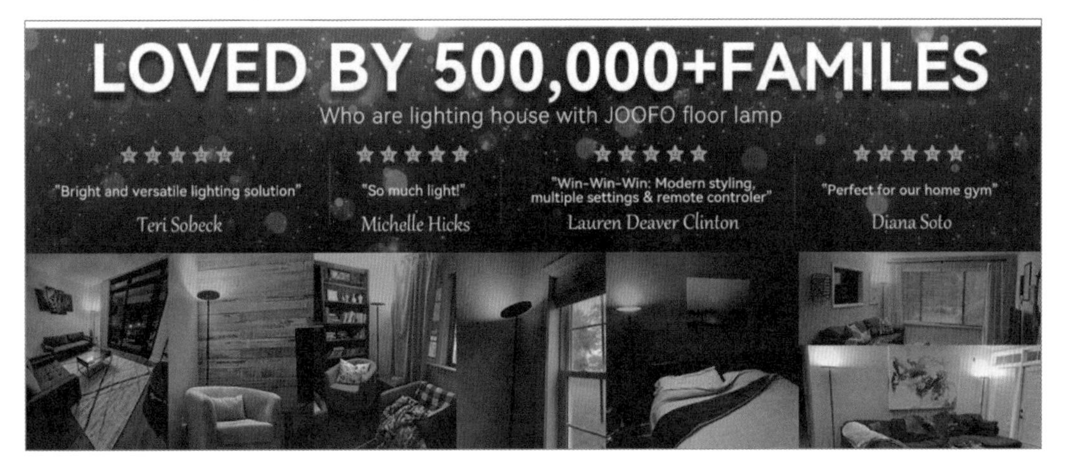

图6-13（b） 亚马逊JOOFO的A+界面产品宣传海报

图 6-13（b）是一则宣传灯饰产品的广告。图片上方有一段标语："LOVED BY 500,000+ FAMILIES"，意指超过五十万家庭喜欢这个产品。下方是四个星级评价以及客户的推荐语。

1 首先是一张图展示了一个角落的落地灯，上面是一段评论："Bright and versatile lighting solution"（亮丽且多功能的照明解决方案），客户是 Teri Sobeck。

2 第二张图是落地灯置于一间装饰有壁画、书架和宠物床的房间角落，评论是"So much light!"（光线十足！），由 Michelle Hildes 发表。

3 第三张图中的落地灯位于一间有着大窗户和各种家具的屋子里，配有评论："Win-Win-Win: Modern styling, multiple settings & remote control"（互赢：现代款式、多种设置及遥控功能），此评价来自 Lauren Deaver Clinton。

4 最后一张图显示灯饰放置在一间有着不同风格家具和墙面装饰的房间，评论为："Perfect for our home gym"（非常适合我们的家用健身房），由 Diana Soto 发表。

整个图片通过客户评价和实际使用的场景，来展示产品的受欢迎程度和多功能性。广告旨在传递这款 JOOFO 落地灯是个备受家庭喜爱的照明选项。

除此之外，建议卖家重视"介绍自己其他产品"的模块，因为这部分链接可以将买家重定向到卖家的其他 listing（商品信息页），每个 A+ 页面都有该模块，因此不要忽略该部分。无论产品有尺寸、颜色变体，还是目录中有其他任何产品，只需将它们添加到此模块中，以增加交叉销售的机会。由于 JOOFO 没有设计该模块，此处以 COOFANDY 衬衫为例进行讲解，如图 6-14 所示。

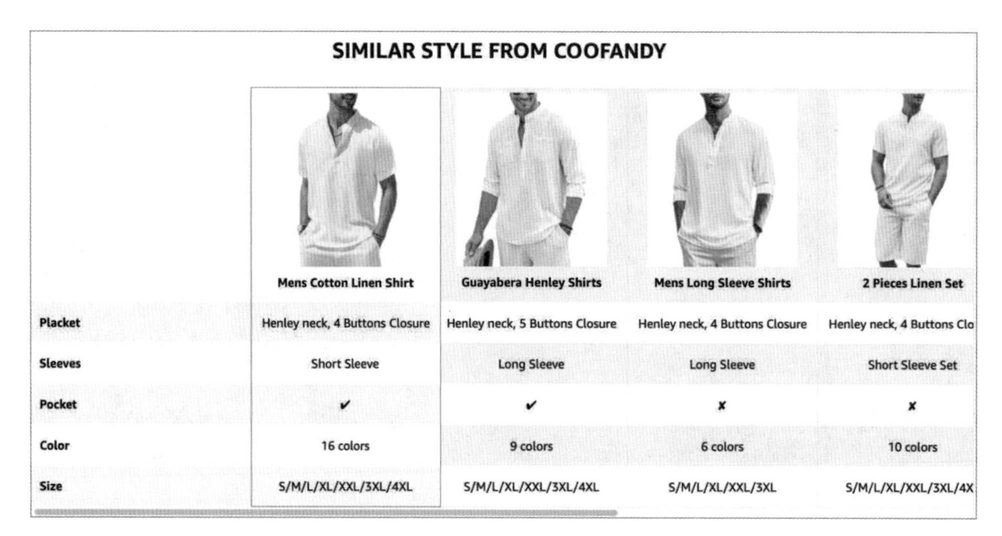
SIMILAR STYLE FROM COOFANDY

	Mens Cotton Linen Shirt	Guayabera Henley Shirts	Mens Long Sleeve Shirts	2 Pieces Linen Set
Placket	Henley neck, 4 Buttons Closure	Henley neck, 5 Buttons Closure	Henley neck, 4 Buttons Closure	Henley neck, 4 Buttons Clo
Sleeves	Short Sleeve	Long Sleeve	Long Sleeve	Short Sleeve Set
Pocket	✔	✔	✘	✘
Color	16 colors	9 colors	6 colors	10 colors
Size	S/M/L/XL/XXL/3XL/4XL	S/M/L/XL/XXL/3XL/4XL	S/M/L/XL/XXL/3XL	S/M/L/XL/XXL/3XL/4X

图6-14　COOFANDY店铺其他商品

在图6-14中展示来自COOFANDY品牌的类似风格的男士上衣广告。共有四种款式，每种款式下方有几行文字描述了特点和可选项。

6.2.2　A+页面图片设计案例

1．透明手机壳

以上文内容中透明手机壳（见图5-35）为例，通过Midjourney生成的场景图有时偏暗，可以用bgsub图形图像处理工具对背景进行简单的处理，处理后如图6-15所示。

图6-15　背景更改后"手机+手机壳"AI场景图

对于Midjourney生成的图片，读者可以通过工具随意调整大小从而实现A+页面图与副图的相互转化，图6-15的分辨率为大小为1 024 × 1 024，可以利用clipdrop软件中的Uncrop工具对其进行修改，具体步骤如下：

1 将图6-15拖入Uncrop中，选择Custom（自定义）模式，设定大小为970 × 600，初步设定将文字放置到图片内右边部分，因此将图向左调整，确保此后生成图片中的右边有足够的大小安排文字内容，如图6-16所示。

图6-16　设置、调整图片位置及相关操作按钮

2 生成的结果如图6-17所示，该工具可以一次生成四个图案，选取其中合适的进行下载，若是没有合适的则可以点击“+”继续生成，本文选取最后一幅图片。

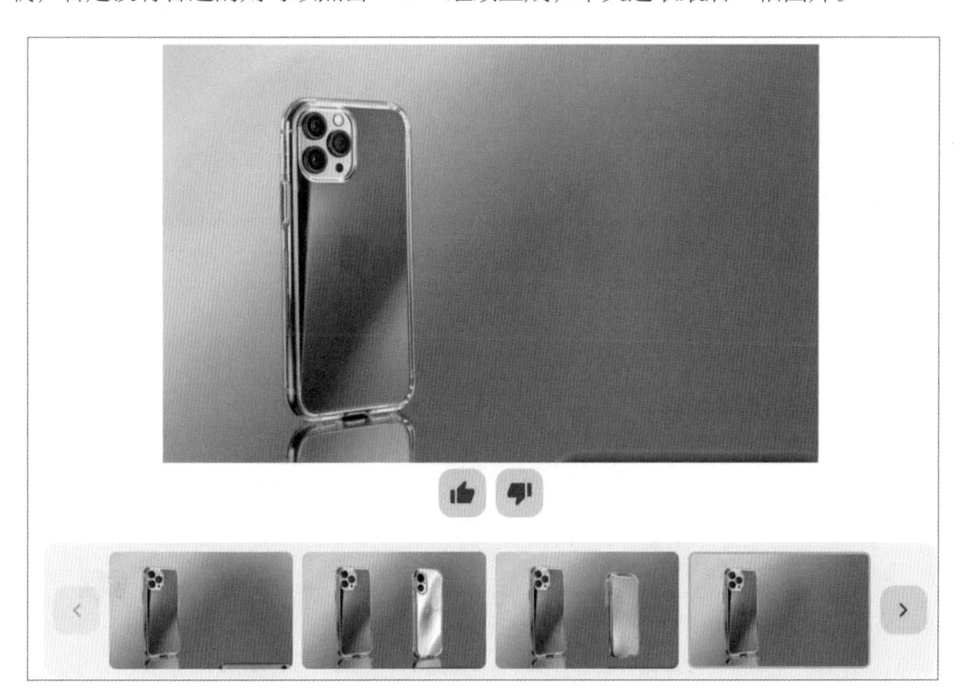

图6-17　拓展后的场景图

3 将拓展后的图片拖入Photoshop中进行图像处理，首先利用仿制图章工具对生成图片中不适合的地方稍作修改，确保整体背景无违和之处，如图6-18所示。

图6-18　微调修改场景图不足之处

4 插入横排文本框，输入文字内容“Crystal Clear”（晶莹剔透），可以看到此时的字体是前案例中的“Poppins”字体，如图6-19所示。

图6-19　图片中插入文本框

5 若是想修改则可按顺序操作：打开“字由”软件—点击“免费商用”按钮—筛选想要的字体—点击“激活”按钮即可，如图6-20所示。

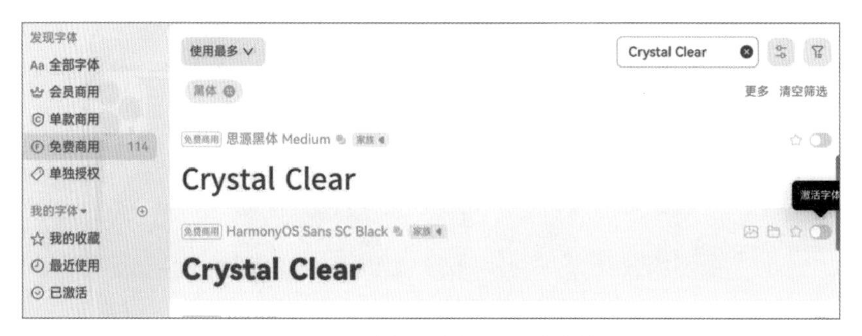

图6-20　选择适合场景图的字体

6 本例中选择“HarmonyOS Sans SC Black”字体，最后调整一下文字的位置和大小，如图6-21所示。

图6-21　选择字体并调整文字位置

7 再复制一个文本框，修改文字内容为“Bring the Beauty of New iPhone to Light”（让新iPhone在灯光下更美丽）以此对上文“Crystal Clear”进行补充，调整字体为“思源宋体 CN Medium”，如图6-22 所示。

图6-22　增加文字描述并调整位置

8 同理可以再复制或者添加文本框增加内容，此案例中最后添加“Designed for iPhone”（专为iPhone设计），整体调整后如图6-23 所示。

图6-23　加文字描述的场景图

2. Pocket shirt（口袋衬衫）

本例介绍一个已经落地的项目，涉及调整大小、更换背景、字体编辑等操作，部分成品图如图6-24所示。

图6-24（a） Pocket shirt场景图（英文为独一无二的风格，清凉口袋衬衫）

图6-24（b） Pocket shirt场景图（英文为舒适又时尚）

图6-24（c） Pocket shirt场景图（英文为高尔夫Polo衫）

具体操作步骤如下：

1 不同图片能够以单独或者组合形式在不同模块进行展示，本文选取其中一张初始图片，如图6-25所示。

图6-25　Pocket shirt场景图

2 对于已经准备好的图片，可以依据实际需求更改大小、更换背景等，这里首先更换背景，此案例用clipdrop工具下的Replace Background替换背景，读者选择用clipdrop与使用Photoshop一样可以达到想要的效果，更换后场景图如图6-26所示。

图6-26　更换背景的Pocket shirt场景图

3 上述图片大小为1 024×680，可以利用clipdrop工具下的Uncrop图像外绘的功能扩展一下图片大小，再结合其他工具对图片进行放大并做镜像处理，当然也可以选择在Photoshop(beat)版中处理，调整后如图6-27所示，大小为2 048×1 024。

图6-27　Pocket shirt场景图扩展大小

4 做好场景图片之后即可进行文字编辑，打开Photoshop插入横排文本框，输入文字内容“Unique Style”（独一无二的风格），可以看到此时的字体是“Adobe 黑体 Std”字体，如图6-28所示。

图6-28　插入文本框并输入文字内容

若是想修改字体则可以参照前面案例修改字体步骤，本案例中选择“Daizen”字体，确定后调整一下文字的位置和大小，如图6-29所示。

图6-29　修改字体并调整文字位置

5 再复制一个文本框，修改文字内容为“Cooling Pocket Shirt”（清凉口袋衬衫），调整字体为“Gagalin”字体，如图6-30所示。

图6-30　图片添加文本框

6 同理可以再复制或者添加文本框增加内容，此案例中最后添加“Moisture-Wicking & Geo-Print Perfect Performance Outfit”（功能性出色的吸湿排汗印花服装），全部调整后如图6-31所示。

图6-31 带文字的Pocket shirt场景图

第三部分

使用Stable Diffusion在亚马逊跨境电商中的应用

第7章

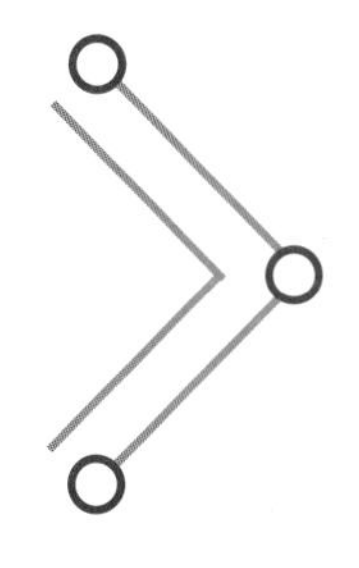

用 Stable Diffusion 创作的准备工作

随着人工智能技术的不断演进，AI绘图领域蓬勃发展，为创意注入了崭新的活力。其中Stable Diffusion已经崭露头角，为高质量图像和创意作品的生成提供了强大支持，成为AI绘图领域中从科研领域走向实际应用的一颗新星。在本部分中，我们将深入浅出地研究Stable Diffusion的基本原理、应用方法，同时也将展望这一技术的发展前景。

Stable Diffusion是一种深度学习文本到图像生成模型，由慕尼黑大学的CompVis研究团体开发，并且在2022年发布。经过这段时间的发展，现在其已经在多个领域都具有广泛的应用，它不仅可以用于生成逼真的艺术作品，还可以用于图像修复、超分辨率、风格迁移等领域。

此外，Stable Diffusion还在创意生成方面显示出巨大潜力，使艺术家能够探索全新的创作可能性。

7.1 使用 Stable Diffusion 实现 AI 图片处理

在掌握Stable Diffusion的基本应用后，即便是初学者，也能使用它将自己的无边想象力化为现实，将看似不可能的场景展现到眼前。如图7-1所示，展现的画面为宇航员在月球上骑马，第一眼似乎看不出什么蹊跷，但是转念一想会发现这是根本不会出现在现实中的场景。

图7-1　AI制作的宇航员在月球上骑马图片

Stable Diffusion主要用于根据文本的描述产生详细图像（文生图），除此以外，它也有其他一些进阶的、功能更加强大的应用，如内补绘制、外补绘制，以及最为重要的在提示词指导下由图片生成图片（图生图）。

在本部分中，将会详细介绍其中的文生图和图生图两种功能，并且适当地提及其他辅助功能以更好地帮助读者理解且应用Stable Diffussion。

有读者可能会有疑问：这与其认知中的Stable Diffusion不同，为什么Stable Diffusion是一个模型而不是一个应用？因为与其他制作类工具如Photoshop（图像处理软件）、Power Point（文稿演示软件）不同的是，其并不是一个真正意义上的软件。最早，它的开发团队将其开源出来时，没有可视化用户界面，没有方便快捷的按钮，只有一段外行人难以解读的源代码。但得益于强大的开源社区，特别是Github（一个基于互联网的代码托管平台）上一名叫作“AUTOMATIC1111”的开发者。他们开发了Stable Diffusion的基于浏览器网页的可视化用户界面并且将其免费公布，这才有了现在常用的Stable Diffusion Web UI（SD Web UI）。它集成了许多在代码层面非常烦琐的东西，并且将模型参数的调节可视化。

此外，社区中大多数功能强大的拓展插件都基于SD Web UI开发，如果想要顺畅地使用这些插件，使AI绘图更加逼真、合理，快速落地，离不开SD Web UI的支持。在本部分中，我们将深入浅出地探讨Stable Diffusion的原理和应用，并提供实际操作的指导，希望能帮助读者进入AI绘图这一领域的大门。如图7-2所示为SD Web UI的操作界面。

图7-2　AI绘图基本操作界面

7.2　设置 Stable Diffusion 运行环境

Stable Diffusion对电脑环境的设置要求并不高，一台具有显卡的电脑完全可以运行Stable Diffusion，但对显卡性能与显存大小有一定要求。

7.2.1　配置要求

运行Stable Diffusion的推荐配置见表7-1。

表7-1　运行Stable Diffusion的推荐配置

操作系统	Windows 10/11 64 位
CPU	支持 64 位的多核处理器
显卡	RTX 3060 Ti 及同等性能显卡
显存	8 GB
内存	16 GB
硬盘空间	100～150 GB

在此配置条件下，10～30秒可以输出一张图片，最高可绘制分辨率达1 024×1 024像素。配置略低于推荐配置也没有问题，甚至有使用4 GB显存的1 050 Ti显卡运行Stable Diffusion的用户，不过考虑到绘图效率、性能等因素，还是推荐使用稍好的显卡来进行AI绘图。考虑到用户大多使用Windows系统，Mac和Linux等操作系统的配置要求不再给出。

7.2.2　安装前置软件

当使用 Stable Diffusion 进行AI绘图时，需要正确地安装和配置开发环境，以支持Stable Diffusion的运行。首先，需要安装一些前置软件，分别为Stable Diffusion的运行提供了一些必不可少的功能或组件，是AI绘图的“地基”。

本书中示例的系统为Windows 11，64位，后文中安装过程的示例默认选择对应版本的软件，不赘述。

1. Python

Python 是一种高级编程语言，以其简洁、易读和易学的语法而闻名，如今已成为广泛用于多个领域的流行编程语言之一。Python在AI绘图领域扮演着关键的角色，因为其拥有众多用于图像处理和计算机视觉任务的库，如OpenCV、Pillow和Scikit-image，这些库使得处理和操作图像数据变得相对容易；并且其是许多深度学习框架的首选语言，如TensorFlow、PyTorch和Keras，这些框架提供了用于训练和部署神经网络模型的工具和库。

Stable Diffusion Web UI的架构是基于Python搭建的，所以需要下载Python来支持它的正常运行具体操作如下：

1 在Python的官网中找到下载的链接，点击下载后会获得一个Python的安装程序，如python-3.12.0-amd64.exe，双击打开开始安装Python，如图7-3所示。

图7-3　Python的安装程序下载

2 这里的Python版本为3.12.0，如图7-4所示。若需要特定版本的Python，读者可去官网寻找下载链接，不过推荐下载3.10及以后的版本。

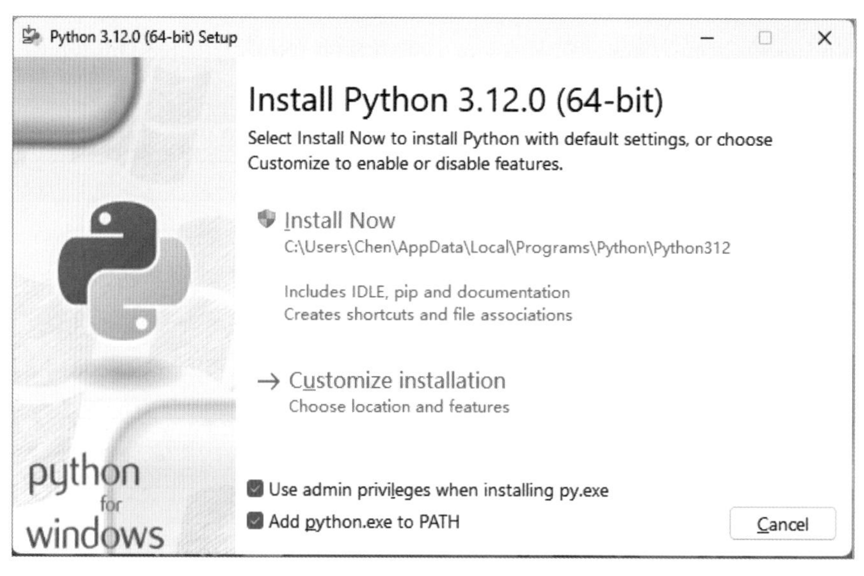

图7-4　Python 3.12.0安装程序

3 打开安装程序后会出现图7-4所示的界面，勾选最下面的Add python.exe to PATH后点击“Install Now”按钮，一路维持默认配置安装即可。“Add python.exe to PATH”的作用是将Python加入环境变量，若错过勾选直接安装，也可自行搜索将Python加入环境变量的方法，手动进行配置，具体操作方法这里不赘述。

4 安装完毕后会出现“Setup was successful”的字样，表示安装成功，如图7-5所示。若不放心，可以打开Windows命令行输入“PYTHON–V”命令来再次检查Python是否安装成功，若有对应版本号出现，即为成功。

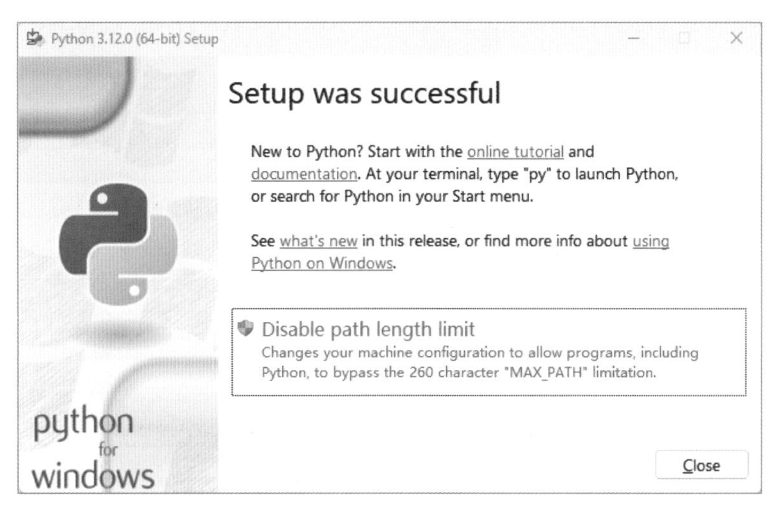

图7-5　出现Setup was successful字样

Windows命令行的打开方式为按【Win+R】组合键，打开运行窗口，输入cmd，点击“确定”按钮。安装成功示例如图7-6所示。

图7-6　显示安装成功

2. Git

Git是一种分布式版本控制系统，用于跟踪和管理项目的代码和文件。目前Git已成为许多开发项目的标准版本控制工具，不仅用于软件开发，还用于文档管理、数据科学项目和其他领域。它为团队合作和个人开发者提供了有效的工具，以管理项目的源代码，跟踪更改，解决冲突，并确保版本控制的一致性和可追溯性。

对于Stable Diffusion，SD Web UI和多数插件会随着开发人员的新技术、新工具的应用和Bug的查漏补缺更新迭代，安装并使用Git可以帮助获取并更新Stable Diffusion及其插件的最新版本，实现版本的更新同步。

（1）在Git官网的右侧就可以找到下载的按钮，点击“Download for Windows”按钮后，选择需要版本的链接后，会下载并获得一个Git的安装程序Git-2.40.1-64-bit.exe，打开它就可以开始Git的安装，如图7-7所示。

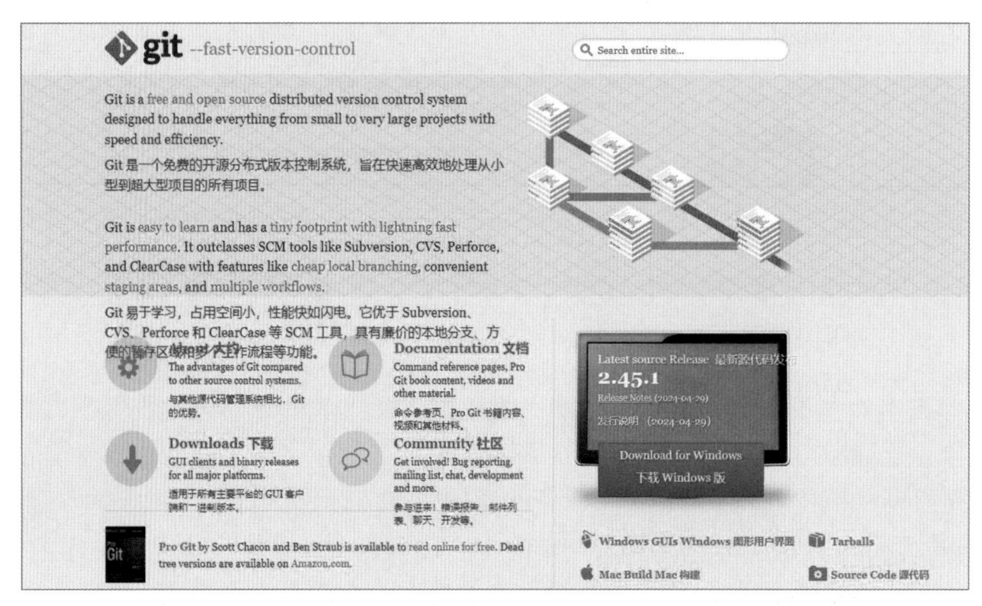

图7-7　Git安装程序

（2）打开安装程序后，一路点击“Next”按钮，维持默认配置即可，其中选择安装位置的这一步骤可以根据自己的需要自行更改，推荐将Git放在空余存储空间较多的磁盘中，如图7-8所示。

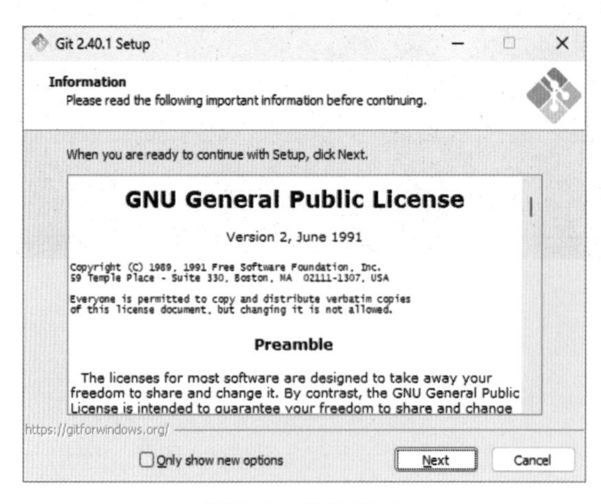

图7-8　安装完成

图7-8　安装完成（续）

（3）界面显示“Completing the Git Setup Wizard”后，安装完成。与Python的安装步骤相同，若想再次查验Git是否成功安装，可以在Windows命令行中输入“git version”进行校验，若出现对应版本号，即安装成功，如图7-9所示。

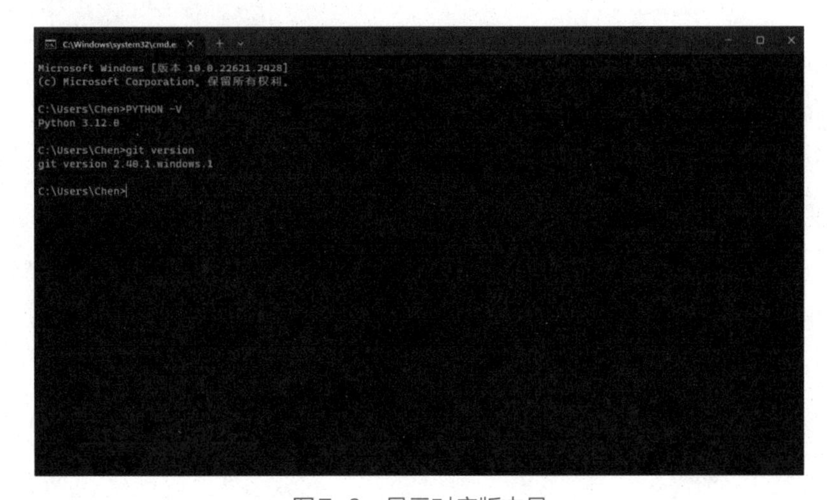

图7-9　显示对应版本号

3. 显卡驱动

显卡驱动（graphics card driver）是用于管理和控制计算机中图形处理单元（GPU，graphics processing unit）的软件程序。显卡驱动是操作系统和图形硬件之间的接口，它允许操作系统和应用程序与GPU进行通信，以在屏幕上显示图形，进行图像处理和执行各种计算任务。

AI绘图主要依靠显卡的算力支持，因此需要安装或更新显卡驱动，为图形处理和深度学习任务提供硬件支持和性能优化。下面讲解在Windows系统上更新显卡驱动的方法。

1 访问下载显卡的官网并且点击“立即下载”按钮，会获得GeForce Experience的安装程序GeForce_Experience_v3.27.0.112.exe，将其打开后即可开始安装，如图7-10所示。

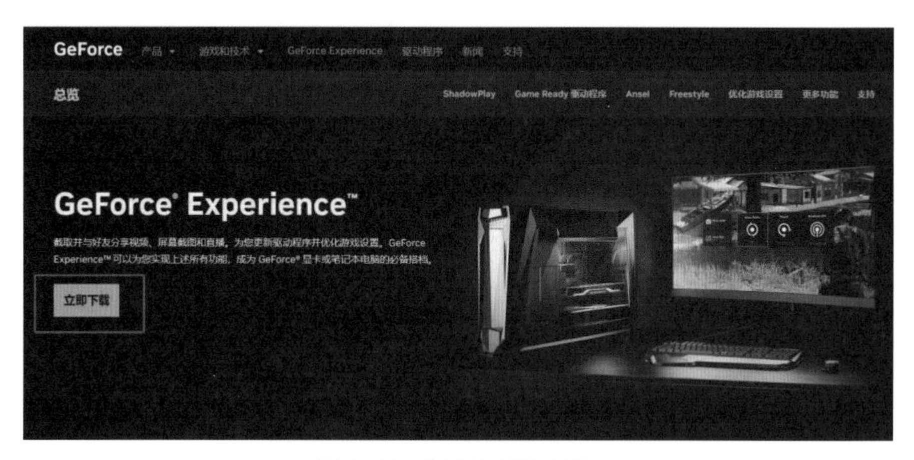

图7-10 “立即下载”按钮

2 安装过程十分简单，一直维持默认选项即可，如图7-11所示。

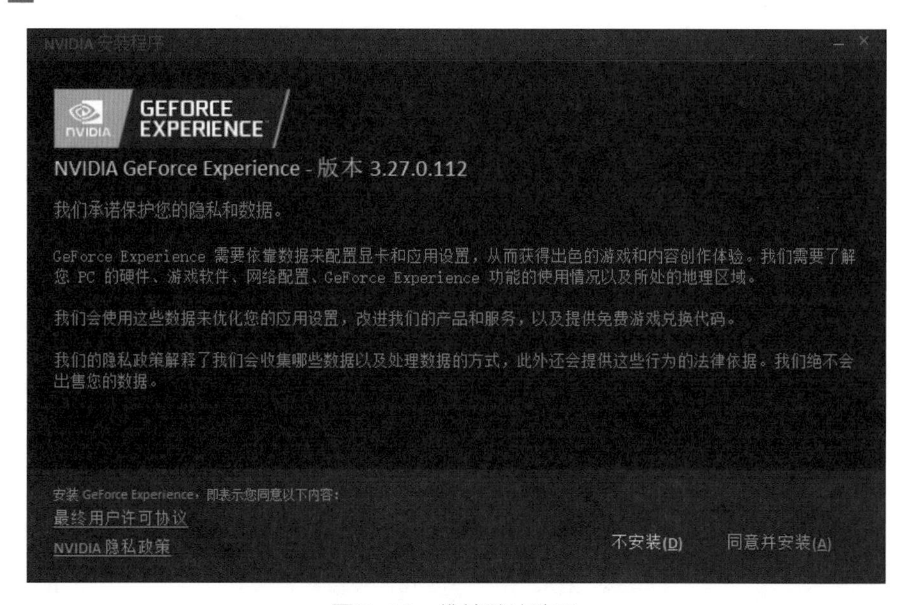

图7-11 维持默认选项

3 安装完成后打开GeForce Experience，点击左上角“驱动程序”按钮后，再点击右上角“检查更新文件”按钮，若显卡驱动已为目前最新版本，则左下角会出现“您拥有最新的GeForce Game Ready驱动程序”字样，不需要更新，跳过此步即可；若需要更新，则根据提示安装最新的显卡驱动，如图7-12所示。

图7-12　更新显卡驱动程序

7.2.3　安装 Stable Diffusion

在安装完必要的前置软件后，就可以开始进行Stable Diffusion自身软件的安装了。软件的安装过程不会等待太长时间，但是其自行安装的其他依赖项下载可能会耗费5～10分钟时间。这一步需要将Git官方发布的文件下载到自己的电脑上，具体步骤如下：

1 在电脑中选择空间充足的存储盘新建一个文件夹，比如“Stable Diffusion”，打开这个文件夹然后右击空白区域，在弹出的菜单中选择在“终端中打开”选项，如图7-13所示。

2 在打开的终端中输入命令：“git clone https://github.com/AUTOMATIC1111/stable-diffusion-webui.git”，然后按【Enter】键运行程序，如图7-14所示。

图7-13　打开“Stable Diffusion”文件夹

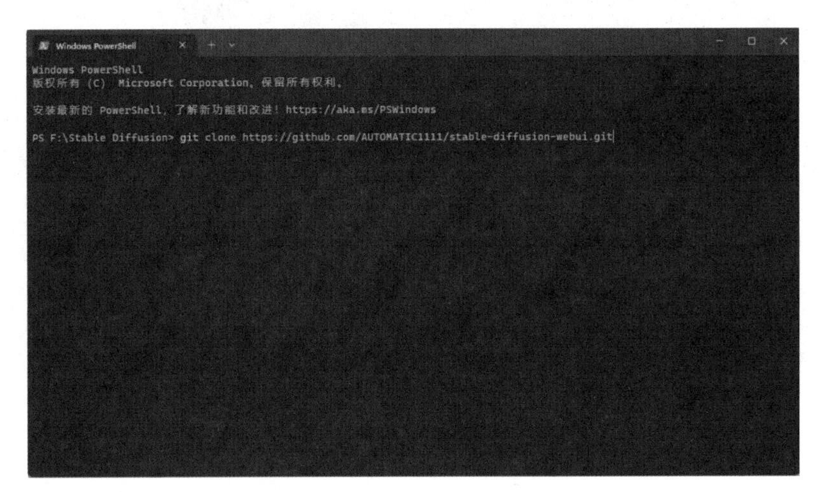

图7-14　在终端中输入命令

3 运行完成后得到的结果如图7-15所示。

```
Windows PowerShell
版权所有 (C) Microsoft Corporation。保留所有权利。

安装最新的 PowerShell，了解新功能和改进！https://aka.ms/PSWindows

PS F:\Stable Diffusion> git clone https://github.com/AUTOMATIC1111/stable-diffusion-webui.git
Cloning into 'stable-diffusion-webui'...
remote: Enumerating objects: 27872, done.
remote: Counting objects: 100% (15/15), done.
remote: Compressing objects: 100% (12/12), done.
remote: Total 27872 (delta 4), reused 9 (delta 3), pack-reused 27857
Receiving objects: 100% (27872/27872), 32.48 MiB | 3.79 MiB/s, done.
Resolving deltas: 100% (19508/19508), done.
PS F:\Stable Diffusion>
```

图7-15　终端中下载SD完成

4 之后返回到刚才新建的文件夹（“Stable Diffusion”文件夹）中，如图7-16所示，可以看到Stable Diffusion已经安装至文件夹中了。

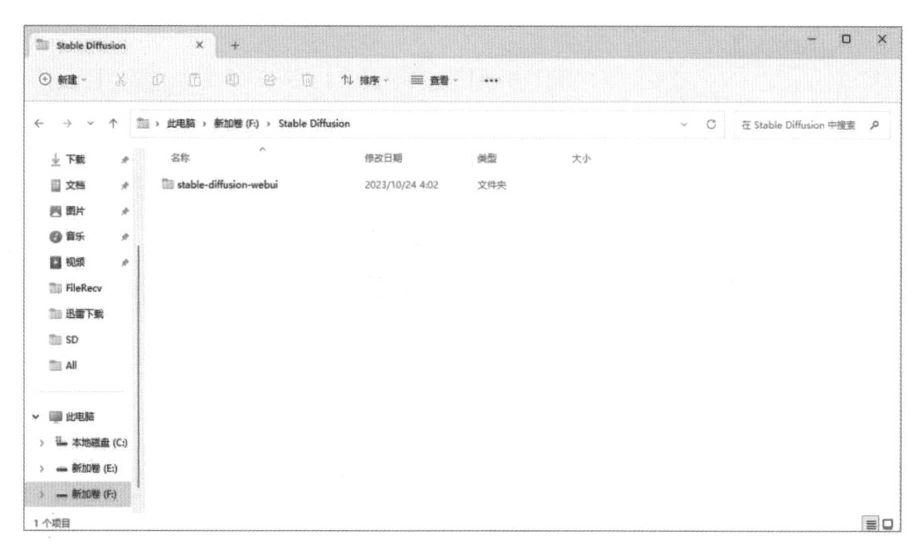

图7-16　SD安装成功

5 然后进入“stable-diffusion-webui”文件夹，并双击“webui-user”（一个Windows批处理文件），会另外打开一个终端，并自行根据代码下载Stable Duffusion所需要的依赖程序，这些文件比较大，可能需要较长时间。

若下载中间进度卡住不动，可以关闭终端重新启动“webui-user”，这时之前已经下载的文件会保存，可以在此基础之上继续加载，不必担心退出后需要全部重新下载的问题。

6 若出现某些文件无法下载的错误提示，手动搜索对应文件或修改“\modules\launch_util.py”文件中对应代码并安装即可，这里不赘述。

7 以后若想启动Stable Diffusion，也是用“webui-user”文件打开，在出现图7-17所示的界面之后将框中链接复制到浏览器中打开即可。

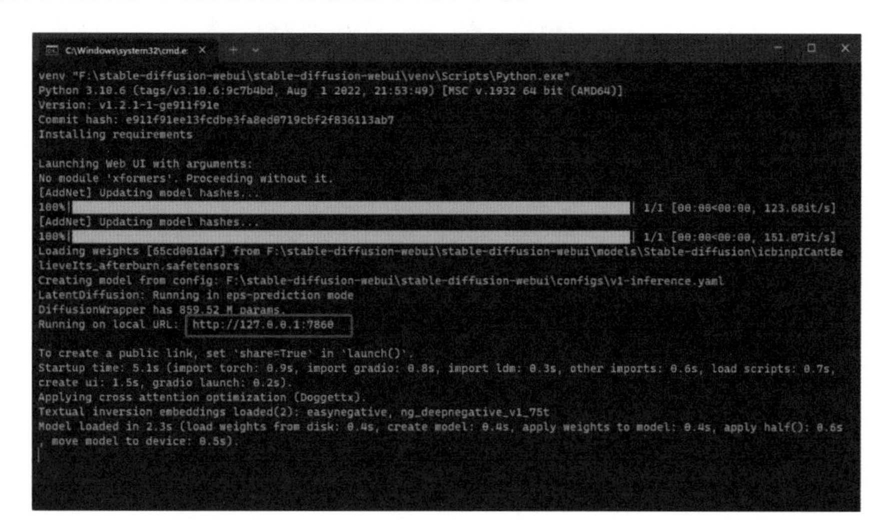

图7-17　复制SD的网址

8 成功打开后，应出现界面如图7-18所示。

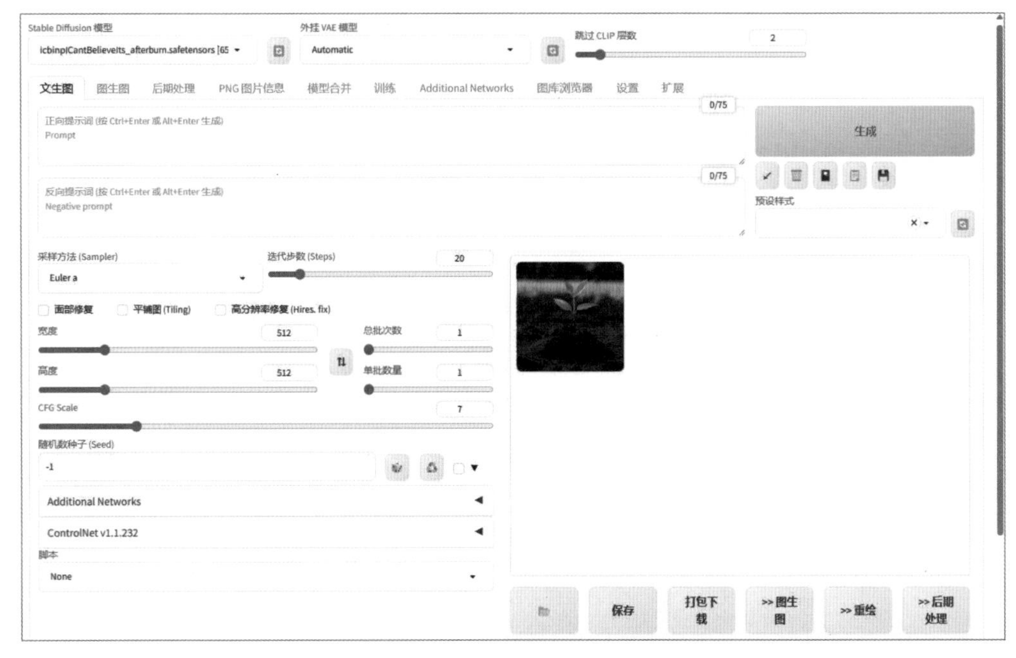

图7-18　打开Stable Diffusion网页

若有“链接失效”等报错，关闭网络代理和Stable Diffusion的网页端并重新从“webui-user”启动即可。

第8章

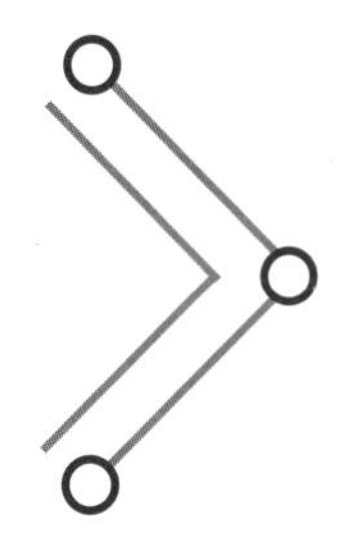

用Stable Diffusion创作你的第一幅AI作品

使用Stable Diffusion进行AI绘图有两个基本的模式，分别是“文生图（txttoimg）”和“图生图（imgtoimg）”。顾名思义，“文生图”就是用户输入文本（提示词），描述期望生成的图片的样式，软件经过处理后生成用户想要的图片；图生图则是用户给出一张图片，软件根据给出的素材生成相似的图片。

8.1　文生图

我们从文生图讲起，用几个简单易懂的例子和实际操作解释Stable Diffusion中看似晦涩冗杂的参数，一步一步走进AI绘图的大门，体验其独有的魅力。

首先介绍一下“文生图”的基本界面，如图8-1所示。

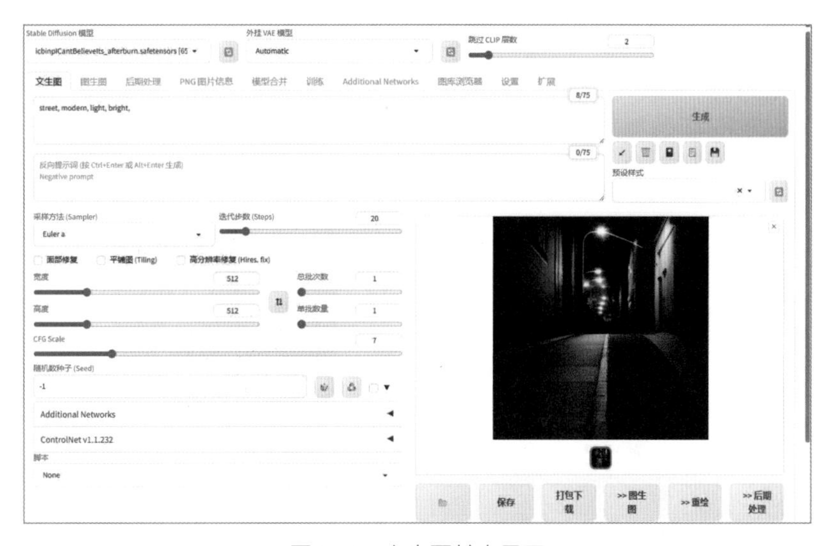

图8-1　文生图基本界面

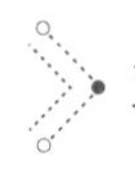

由图8-1可以看到，“文生图”的界面大致分为三块，即文本提示词（上）、各个参数（左下）、生成的图片（右下）。输入正向、反向提示词（prompt），调整如采样方法、迭代步数等的参数，接着按下右上角的“生成”按钮，一次最简单的文生图过程就完成了，会看到一张（或多张）根据给出的文本和参数而生成的图片出现在右下角。若对其感到不满意，可以调整文本和参数，再次生成图片，直到生成的图片达到预期结果。

这个过程有点像刮彩票或者抽卡：买了一张彩票，刮完之后发现自己中了五元，觉得没有达到自己的期望，可以再刮一次，直到为止。那么，在生成图片之前，输入的提示词和设置的参数究竟是什么，有什么作用，对图片的直观影响是什么呢？接下来会为读者进行详细介绍。

8.1.1　提示词的神奇用法

一般来说,“提示词”其实就是对AI做出的指令。比如说想要一张可爱的小猫的图片，若去找一个画师约稿，希望其画一张图，则会和对方说：“我希望你给我画一只猫。”那么若去找AI绘图呢，就需要将需求写成提示词，输入到软件中。

换句话说，提示词就是我们对AI所提出的需求，用来描述希望AI生成什么样的图片，给出的提示词越精确，AI画出的图片就越接近期望的结果。

从性质来分，提示词分为“正向”和“反向”。正向提示词指希望生成的图片中含有什么东西或者是什么样的；反向提示词则反之，指不希望在图片中出现的内容。我们可以通过最简单的实际操作来直观体验一下提示词的作用。

首先，从正向提示词开始。还是假定需要一张猫的图片，那么需求用英语描述就是“a cat”（这里提示词用英文书写，有些软件支持中文，则可用中文书写），于是就在“正向提示词”的文本框中输入“a cat”，并且保持反向提示词文本框为空，下面的其他参数先保持默认即可，之后点击“生成”按钮，等待图片的生成，如图8-2所示。

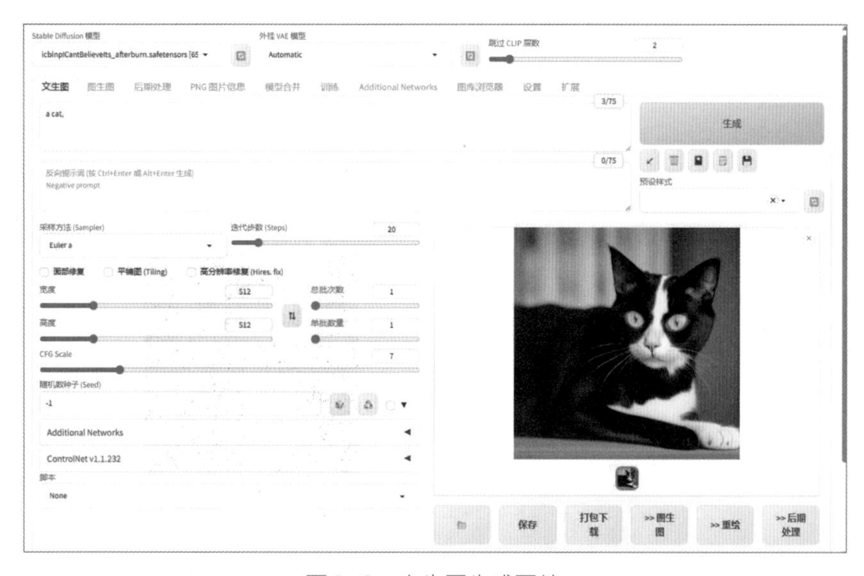

图8-2　文生图生成图片

可以看到，Stable Diffusion像是听懂了我们的需求一样，并且生成一张猫的图片。若需求更加精确一点呢？比如说，想要生成一张在草地上的猫的图片，就可以将提示词写得更长、更具体一些，改为“a cat on the grass”，如图8-3所示。

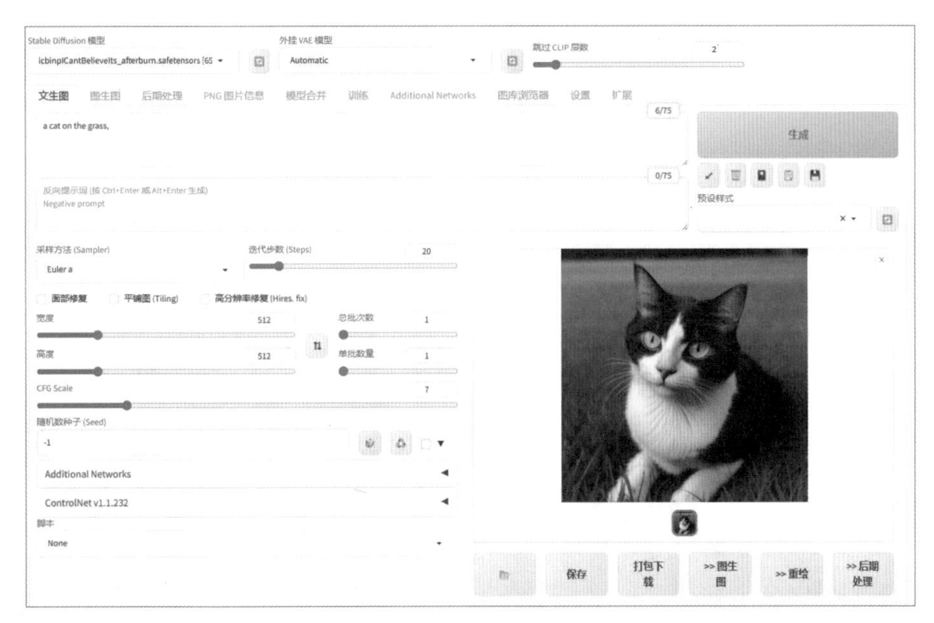

图8-3　更改prompt（提示词）后的结果

由此可见，输入的提示词越精确，Stable Diffusion生成的图片就越接近预期。读者可以尝试输入不同的提示词，来生成各种不同的图片。若对自己的英语水平没有自信，还可以借助翻译软件，将中文的描述翻译成英文后再输入到Stable Diffusion中。

其次，提示词对句子的英文语法结构是否严谨没有严格要求，还可以用词组来表述，或者说AI更加容易理解词组形式的提示词，并且生成的图片更加精确。比如“a cat on the grass”就可以优化为“cat, on grass, ”。**需要注意的是，在每个提示词（包括最后一个）后面，需要以英文逗号为结尾并且加一个空格，作为提示词分隔的标志。**

除了描述人物主体的提示词，还可以加入许多其他类型的提示词，用来丰富我们的画面内容、明确生成图片的主题。下面列举了一下常见的提示词种类：

✧ 场景特征：室内（indoor）、室外（outdoor）、城市（city）、树林（forest）、白花（white flower）等。

✧ 环境光照：白天（day）、黑夜（night）、蓝天（blue sky）、灯光（light）等。

✧ 画幅视角：近距离（close-up）、全身（full body）、上半身（upper body）、从上方观察（from above）、鱼眼（fisheye）等。

✧ 画质：高画质（best quality）、杰作（masterpiece）、4K等。

✧ 画风：二次元（anime）、写实（photograph、realistic）、插画（painting）等。

接下来，选择几个典型的视角图片来体验一下不同提示词所对图片带来的不同效果，见表8-1。

表8-1　视角提示词不同对图片的影响

默认（cat, on grass,）	鱼眼（fisheye）	近距离（close-up）	从上方观察（from above）

下面可以看到风格提示词对画面的影响，如图8-4所示。每一列代表输入到模型中的不同提示词。

图8-4　不同风格提示词对图片的影响

既然有正向提示词，那么必然会有反向提示词。反向提示词就是不希望在图片中出现的内容。典型的有NSFW（not safe for work，工作不安全）、low quality（质量低）、ugly（难看）、too many fingers（手指太多）等。

加入这些负面提示词可以降低生成的画面被不良内容影响的可能性，减少在生成图片的过程出现不想要的输出结果。若没有特别的负面提示词的需求，读者也可以自行上网搜索通用的负面提示词，并且在每次绘图时加上，可以提高生成图片的质量。

此外，如果想特别强调某个元素在图片中的重要性，可以给相应的提示词加上权重，**格式为：prompt:number，其中number为一个数值，根据经验来说，范围最好在1±0.5之间，过大了容易出现奇怪的画面。**

在表8-2中，比如需要强调白花在图片中的重要性，可以在原本“cat, on grass,”的基础上，增加“white flower”（白花）提示词，并且调整white flower的权重，就可以看到不同的生成效果。

表8-2　权重不同对图片的影响

默认（1）	0.9	1.1	1.5

可以见到，调整white flower的权重越大，画面中白花占据的空间就越大，对焦也越往白花上靠，突出了白花在画面中的重要性和主体地位。因此可以适当增加需要描绘的主体对应的提示词的权重，适当减小背景中其他元素的权重，来突出主体、明确画面。

此外，负面提示词也可以加上权重，比如我们特别不希望生成不适合在工作时候查看的图片，那么可以给NSFW提示词一个较高的权重。

权重也有其他格式的写法，如(prompt)代表1.1倍权重，((prompt))代表1.1 × 1.1倍权重，[prompt]代表0.9倍权重，[[prompt]]代表0.9 × 0.9倍权重，依此类推。

8.1.2　各类参数的设定

在文生图中，不是给定提示词就可以直接生成图片，而是需要给出各类参数的具体数值。这些参数可以控制生成图片的样式、效果等，更加精准地满足用户的需求。

1. 采样方法

在Stable Diffusion生成图片的过程中，有一个叫作“采样”的步骤，而采样方法则是选择这个步骤中所用的算法。每种采样方法所绘制的图片略有不同，见表8-3。对于不同的模型（后文中会详细介绍）也会有不同的推荐采样方法，因此，若无特殊需求，保持使用的模型所推荐的采样方法即可。

表8-3　采样方法不同对图片的影响

Euler a	DPM++ SDE	DDIM

2. 迭代步数

迭代步数简单理解就是Stable Diffusion从一张粗糙的素材到生成最终成品图片用的步数。**直观来看，迭代步数越大，则生成的图片越清晰、效果更好，但是生成所需的时间也就越长**，如图8-5所示。

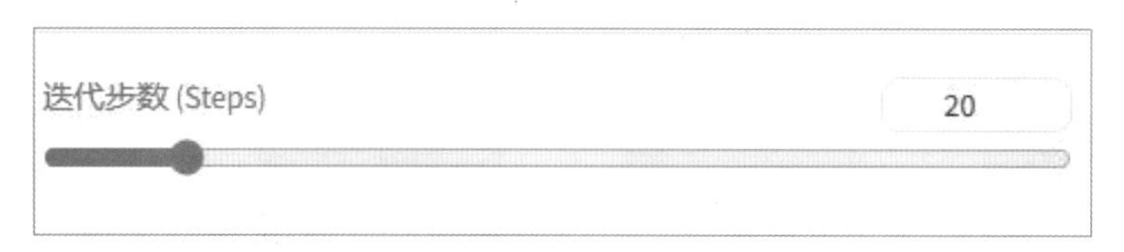

图8-5　迭代步数

迭代步数超过某个阈值后，继续增大迭代步数所消耗的时间比起其带来的效果提升就有些微不足道了，因此在自行生成图片时，可以根据自己的需要调整迭代步数的数值，若没有特别的要求，保持默认或者稍微增加即可，迭代步数不同对图片的影响见表8-4。

表8-4　迭代步数不同对图片的影响

迭代步数10	迭代步数20	迭代步数30

3．面部修复

面部修复顾名思义，能够修复面部。有的时候AI生成的图片对面部的描绘会非常奇怪，那么此时选择修复面部并重新生成图片，能够更好地生成面部图像，减小面部错位、杂糅等错误出现的可能性。

4．平铺图

选择平铺图后，生成的图片可以平铺。效果如图8-6所示。

图8-6　平铺图效果

注意平时生成图像时用到并不多，因此没有特殊要求的话，默认不选择。

5．宽度与高度

即生成的图片的宽度与高度。因为一张图片的大小有限，所以能够描绘的内容也会有限，增加生成图片的宽度与高度，有时能有效地避免一些问题的产生。如面部杂糅、手部结构错误、图片内容不够丰富等。不过由于显卡性能的限制，生成过大的图片可能会使用的时间非常长，甚至出现显存性能超出负载而生成失败的情况，如图 8-7 所示。

```
OutOfMemoryError: CUDA out of memory. Tried to allocate 2.00 GiB (GPU 0; 8.00 GiB total
capacity; 5.14 GiB already allocated; 0 bytes free; 5.68 GiB reserved in total by PyTorch) If
reserved memory is >> allocated memory try setting max_split_size_mb to avoid
fragmentation. See documentation for Memory Management and
PYTORCH_CUDA_ALLOC_CONF
```

图 8-7　超出显存负载生成失败示意图（CUDA 内存不足）

因此若想生成大尺寸的图片，常用的方法是先花费较少的时间，更改“总批数量”，批量生成相对小尺寸的图片，再从中挑选出构图、内容较为满意的一张，利用图生图功能进行清晰放大（后文中会详细介绍），如图 8-8 所示。

图 8-8　利用图生图清晰放大

此外，因为 Stable Diffusion 的各个模型用来训练素材的大小大多数是 512 × 512 分辨率的图片，如果指定生成图片的分辨率不是其整倍数，可能会出现因不能匹配素材而造成生成图片质量不佳的状况。

6．CFG scale

CFG scale（classifier free guidance scale），表示图像与提示词的契合度，其数值越大，则图像越能准确地呈现提示词的内容；数值越小，则生成的图片更随机，也可以说，更有创造性。

7．随机数种子

若设置其数值为 -1，则每次生成的图片都为随机的，会在提示词的基础上，生成不同构图、内容的图片。

如果觉得某次生成的图片比较符合心意，但是有一点点的瑕疵，又不希望全部推翻重来，而想绘制一张与其差不多的图，那么可以按随机数种子边上的绿色按钮，用于记录原本素材的种子，并且在边上选中勾选框，重新绘制，如图 8-9 所示。

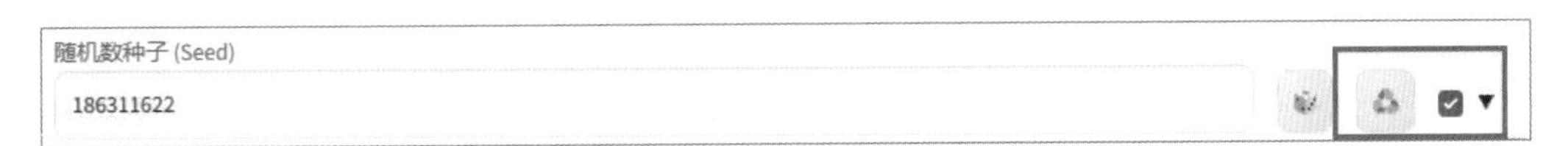

图 8-9　随机数种子

可以通过对比重新绘制前后的图片来直观感受随机数种子的效果，随机数种子不同对图片的影响见表8-5。

表8-5　随机数种子不同对图片的影响

前	后

可以看到，绘制猫的姿势、毛色等关键因素基本没变，但是在面部、四肢都有细微的变化。这就是固定随机数种子所带来的效果，实际上就是将原本的图片作为素材，重新进行了一次“图生图”，也就是照着重新画了一次，大体不变，但细节变化。

8.2　图生图

前文中已经讲到，随机数种子使用的实质就是图生图，即对着所给的图片进行“照猫画虎”，进行一次大体不变的重新绘制。**图生图相比文生图来说，界面最大的变化就是多了上传图片的区域和更改重绘幅度的选项，提示词、高度宽度等要素与其变化不大。**

8.2.1　一次简单的图生图

从最简单的一次图生图步骤开始讲起。想象这样一个场景：之前生成一张令人满意的猫的图片，但是突然想起来，要求生成的是一只狗，可是又不希望放弃之前生成图片设置好的构图，这种情况该怎么办呢？图生图就能很好地解决这个问题。

如果将提示词改为现在需要的内容“dog, on grass,”（狗，在草地上），并且上传之前生成的猫的图片，先保持各项参数默认，点击生成图片并且查看结果，如图8-10所示。

可以看到一张和原图很相像的图片就生成好了，并且画面内容也是需要的，在草地上的狗。

图 8-10　一次简单的图生图

如果觉得生成的图和原图差距过大，有没有什么办法减小它们之间的差异呢？答案是肯定的，更改重绘幅度即可，如图 8-11 所示。

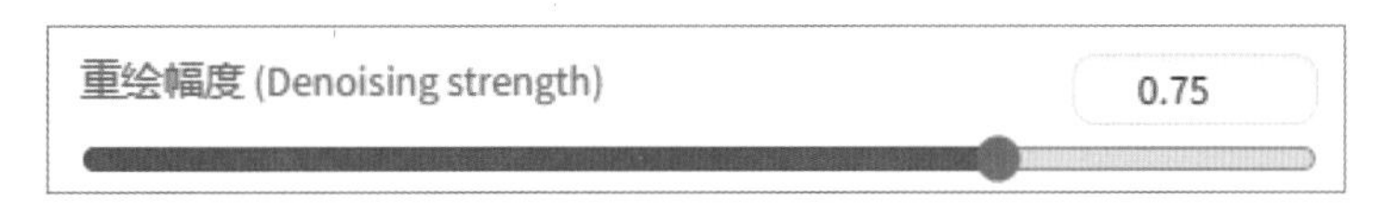

图 8-11　重绘幅度

重绘幅度代表生成图片与素材图的差异大小，越小代表越相近，越大代表 AI 发挥的空间越大，不过不宜取极端值，因为数值过小会导致差异过小看不出来，数值过大会让成品和素材没有什么关系，重绘幅度不同对图片的影响见表 8-6。

表 8-6　重绘幅度不同对图片的影响

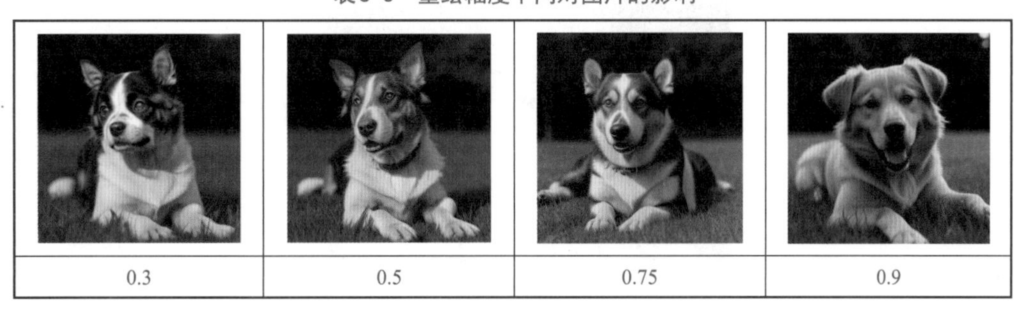

0.3	0.5	0.75	0.9

8.2.2　局部重绘

有时候需要的不是整张图片的重新绘制，而是只需要对其中一小部分图像进行修改，那么可以使用 Stable Diffusion 提供的"局部重绘"功能，对图像进行小范围的重绘，如图 8-12 所示。

图8-12　局部重绘示意图

首先，选择局部重绘功能，将图片上传，再点击界面右上角的笔刷按钮，可以选择笔刷的粗细。选择完毕之后，用笔刷涂抹想要重新绘制的区域，再点击“生成”按钮，就可以进行局部重绘了。若选择的区域不小心选择错误，也可以使用右上角的“撤销”或“橡皮擦”按钮，重新选择区域。

下面在之前生成的猫的图像中，以重新绘制猫的左耳为例，用笔刷涂抹图片中左耳的区域，如图8-13所示。

图8-13　局部重绘步骤

其次，点击生成按钮后发现生成的图片中，左耳的形状和角度改变了，但是其他区域保持原状，如图8-14所示。

图8-14　局部重绘结果

8.2.3　涂鸦重绘

涂鸦重绘和局部重绘功能的界面相近，但是涂鸦重绘功能多了笔刷颜色的选项。在涂鸦重绘功能中，可以选择重绘的区域生成的内容、颜色，如图 8-15 所示。

图8-15　涂鸦重绘示意图

下面以一个简单的操作为例，如果希望给猫加上黑色的项圈和黄色的铃铛，那么可以进行简单的绘制，并且在提示词中加入“black choker, yellow bell, ”，如图 8-16 所示。

在点击“生成”按钮后，可以看到，原本粗糙绘制的项圈和铃铛，变成观感非常真实的物品，有着逼真的色泽和材质，并且与图像中其他内容融合得非常好，如图 8-17 所示。

图8-16　涂鸦重绘步骤

图8-17　涂鸦重绘结果

8.2.4　高分辨率修复

在前面讲解的内容中已经提到，由于显卡性能的限制，批量生成图片时，每张图片的尺寸不宜过大。但是小尺寸的图片又有着清晰度不足的致命缺陷，不能直接当作成品图使用。**考虑到这一点，Stable Diffusion的高清修复图片功能可以很好地解决这个问题。**

在文生图的界面中，可以找到“高分辨率修复（Hires. fix）”选项，将其勾选后，会出现以下参数内容，如图8-18所示。

图8-18　高分辨率修复界面

在高分辨率修复界面中，“放大算法”指的是对这一次高分辨率修复所采用的算法，一般来说，默认选择“R-ESRGAN 4x+”选项即可；如果是二次元图片，则可以选择“R-ESRGAN 4x+ Anime6B”选项。

“高分迭代步数”和前文中提到的“迭代步数”功能差不多，这里设置为0，就会默认选择之前文生图中所设置的迭代步数作为高分迭代步数的值。“重绘幅度”功能也和前文中讲解的功能一致。

“放大倍数”指的是生成的高清图对比原本的素材图所放大的分辨率倍数，如原本素材的像素分辨率为512×512，放大倍数设置为2，那么生成的高清图的像素分辨率就为1 024×1 024。

需要注意的是，放大倍数也不是无限的，它也受限于显卡的性能，高清图片的分辨率是有上限的，高清修复前后图片区别见表8-7。

表8-7　高清修复前后图片区别

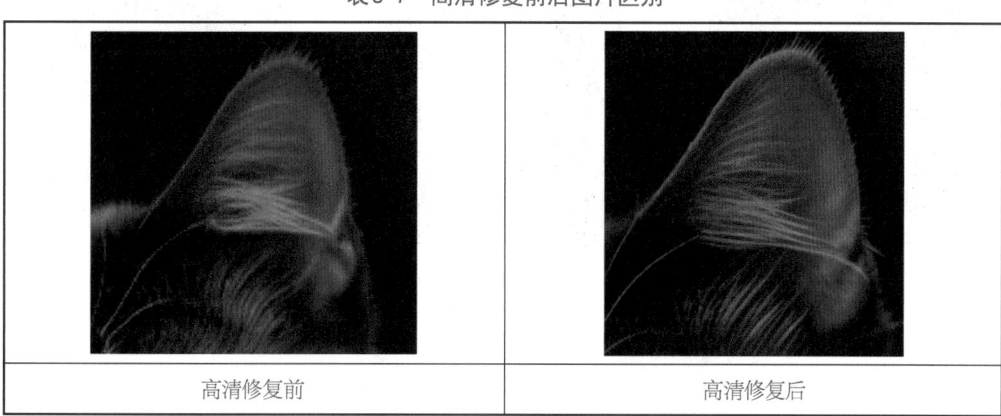

高清修复前	高清修复后

可以看到，高清修复后，猫的耳朵的细节明显更加清晰了，毛发的质感也更加顺滑，这说明高清修复确实能够提升图片的质量。同时也带来了另一个问题：为什么毛发的形状、颜色等有细微的区别呢?

这是因为高分辨率修复的实质是进行了一次图生图，它不能保证生成前后的图片完全一样，只能保证大体结构、内容不会发生变化。

8.2.5　SD 放大

高分辨率修复功能受显卡性能的影响较大，不能生成分辨率较大的图片，但是SD放大在一定程度上解决了这个问题。SD放大的原理是将一张图片进行切割，分为若干块大小相等的区域，并且分别对每一块区域进行高分辨率修复，最后拼合在一起。

如果原本高分辨率修复只能生成像素分辨率为1 024×1 024的图片，那么将一张图片分为四块进行SD放大后，理论上可以生成像素分辨率约4 096×4 096的图片。这个数据已经能表明SD放大功能的强大了。

在图生图的“脚本”一栏中可以看到“SD upscale”选项，其中放大算法、放大倍

数（Scale Factor）和高分辨率修复功能相同，“Tile overlap”一栏保持默认选项即可，如图8-19所示。高清修复与SD upscale前后图片区别见表8-8。

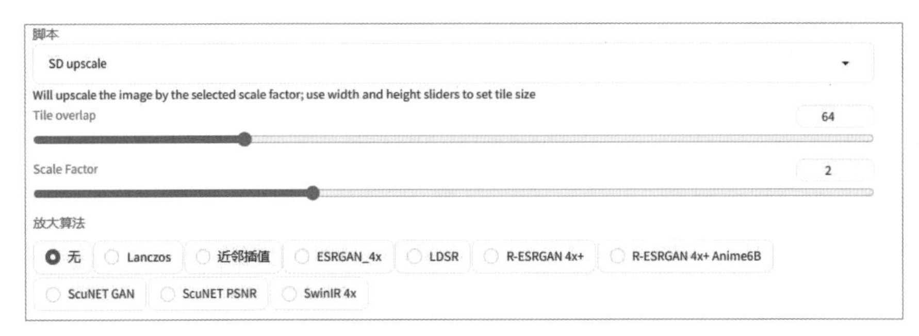

图8-19　SD upscale示意图

表8-8　高清修复与SD upscale前后图片区别

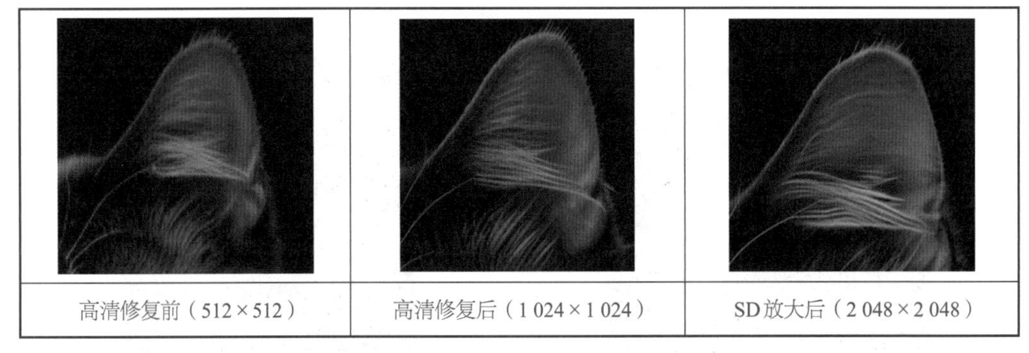

高清修复前（512×512）	高清修复后（1 024×1 024）	SD放大后（2 048×2 048）

在学习了SD upscale文生图和图生图这两个基本功能之后，我们将会通过实际的商品图处理过程，带领读者体验SD upscale的强大功能，学习在实际生产中的奇妙应用。

第9章

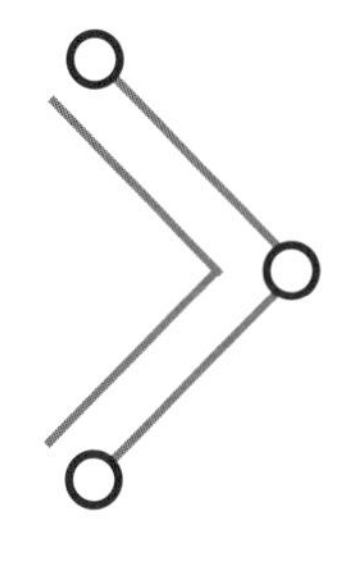

商品背景图生成

Stable Diffusion生成图片的功能非常强大，亚马逊跨境电商的商家也有大量的商品图片需求，两者“一拍即合”。卖家在学会Stable Diffusion的应用后，可以根据自己的需求生成想要的图片，并且可以解决许多传统图片处理流程的痛点，具体内容见表9-1。

表9-1　传统图片流程痛点及AI解决方法

传统图片处理流程痛点	AI绘图解决方法
寻找素材需要花费大量时间	给出关键词或低质量素材即可生成指定高质量素材
多个素材难以自然结合，需要额外处理过渡段	素材自然拼接，不需要多余处理
素材可能会有版权问题	AI绘图无版权问题
模特和拍摄需要额外费用，成本增加	人物、物品自动生成，减少大部分成本
制作图片时间周期长	出图速度快，且没有工作时间限制

虽然AI生成图片功能强大，但是之前就已经提到过，受限于Stable Diffusion生成图片的底层原理，每次生成的图片都会有细微的不同，对于这些细节，用prompt（提示词）和embedding（嵌入）等方法是极难控制的。

这些细微的差距为AI绘图带来了多样化的想象力和发挥空间，可以让AI绘图作品变得更加绚丽多姿，使作品和作者之间互相激发灵感，形成一个良性的循环链路。

但是对于亚马逊跨境电商的商家而言，若想使用AI绘图生成的图片作为商品的宣传图等，这些商品的细节差距就是完全无法接受的，因为售卖的商品的细节和宣传图不符会带来很多问题，从而影响到商品的售卖，甚至会带来法律上的隐患。比如，若买家发现售卖商品与宣传图不符，很可能会要求退货、赔偿等，甚至会宣传这件事使店铺的评价下降。为了在使用AI过程中避免这种事情发生，笔者设计了一套结合Stable Diffusion

和Photoshop的亚马逊商品宣传图生成流程，选择用AI生成供读者参考。

9.1 基本流程的主要思路

这套流程的基本思路为：运用Stable Diffusion的强大生成图片功能，在给出少量素材或给出低质量素材的条件下，获取符合需求的高质量背景素材，之后运用Photoshop进行图像处理，并且不会改变商品的细节特性，再将Stable Diffusion生成的高质量背景素材和商品图结合，最后将已经结合完毕的图片用Stable Diffusion进行二次处理，从而使图片素材拼接更加自然，让人工处理痕迹更小。

9.2 ControlNet 插件

实现这套流程必须要有一个Stable Diffusion插件——ControlNet。这个插件是一个新的神经网络概念，就是通过额外的输入来控制预训练的大模型。它可以很好地解决文生图大模型的关键问题，即单纯的关键词控制方式无法满足对细节精确控制的需要。

简单来说，就是用户通过使用ControlNet可以更加精确地控制生成图片的特性。

9.2.1 ControlNet 类型

ControlNet有很多种细分类型，如深度、OpenPose、MLSD、SoftEdge等各具特色，这里主要选择常用的深度和OpenPose两种类型进行介绍。

深度顾名思义是控制图片的深度，简单理解为可以控制图片中每个像素距离屏幕的远近程度，下面结合图片进行理解，如图9-1所示。

(a)

图9-1 建筑深度图

（b）

图9-1　建筑深度图（续）

如图9-1（a）中给出了一张深度图，可以看出这是一张有关建筑的图片，左右有柱子，中间是过道，但是具体细节我们无法猜测。通过ControlNet的处理，可以看出不仅将上面的深度图转换为下面的彩色图片，还保留了图9-1中深度图的结构，如图9-1（b）所示。

OpenPose也是一种被广泛采用的技术，它可以控制人物的神态和四肢动作，该技术能够有效地模拟人物的各种姿态，如图9-2所示。

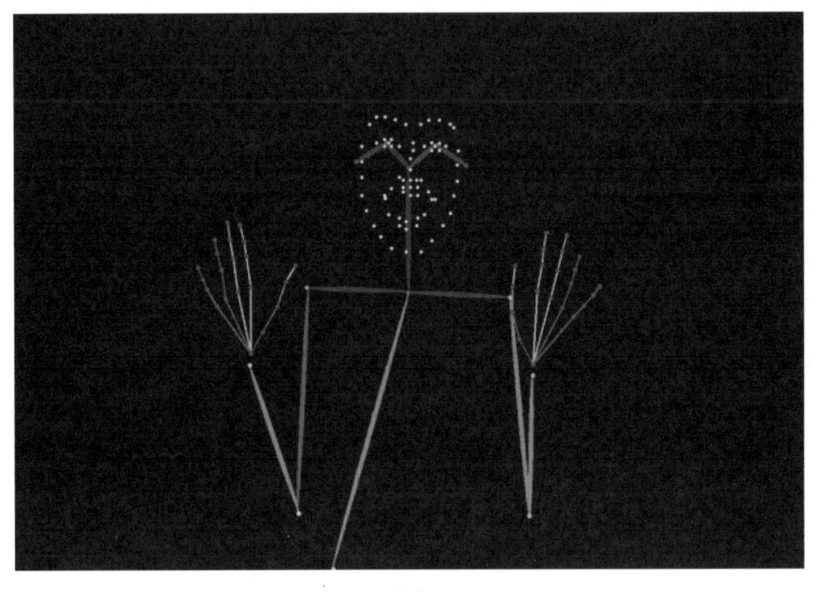

（a）

图9-2　OpenPose效果图

（b）

图9-2　OpenPose效果图（续）

在图9-2（a）中通过OpenPose插件对“人物”的手部动作和面部表情进行处理，生成的成品图图9-2（b）就是完全按照我们所设置的动作与神态参数来规定的。

接下来，将会通过几个案例的实战演练，带领读者体验AI绘图在实际操作中对步骤的把控和对细节的处理。考虑到读者主要是亚马逊跨境电商的商家，特别选取了销量较好的玩具和服装这两个具有代表性的品类，希望能够对大家有所帮助。

9.2.2　ControlNet 安装

首先，找到sd-webui-controlnet.rar、control_v11f1p_sd15_depth.pth、control_v11f1p_sd15_depth.yaml这三个文件如图9-3所示，之后将rar文件解压到stable-diffusion-webui\extensions目录下，如图9-4所示，并且将后两个文件放到stable-diffusion-webui\models\ControlNet目录下，如图9-5所示。

我的网盘 > Install >

文件名	修改时间	类型	大小
embeddings	2023-10-22 22:52	文件夹	-
sd-webui-controlnet.rar	2023-10-22 22:52	rar文件	2.38GB
python-3.10.6-amd64.exe	2023-10-22 22:52	exe文件	27.58MB
control_v11f1p_sd15_depth.pth	2023-10-22 22:52	pth文件	1.35GB
control_v11f1p_sd15_depth.yaml	2023-10-22 22:52	yaml文件	1KB
stable-diffusion-webui.zip	2023-10-22 22:52	zip文件	9.56GB
GeForce_Experience_v3.27.0.112.exe	2023-10-22 22:52	exe文件	125.37MB
Git-2.40.1-64-bit.exe	2023-10-22 22:52	exe文件	51.42MB

图9-3　三个下载文件

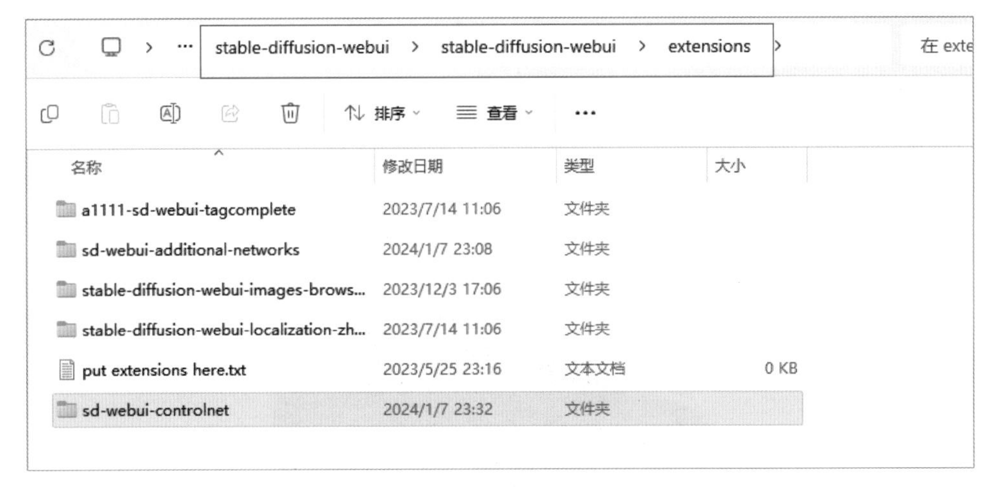

图9-4　下载解压缩文件到指定目录下

图9-5　将后两个文件放到指定目录下

接着打开sd-webui，若已经打开，可以点击“重载前端”按钮，并且刷新界面。只要界面中出现了ControlNet的控制界面就代表安装成功了，如图9-6所示。

图9-6　ControlNet控制界面

9.3 玩具车

第一个案例是玩具车，现有的素材是一张玩具车的照片，如图9-7所示，我们希望生成一张该玩具车的商品图，其中背景要符合商品特点，并且背景和商品融合应显得自然、不突兀。

图9-7 玩具车素材图

9.3.1 生成图片前的需求分析

通过简单的分析可以得知：玩具车需要的背景可以是玩具房，此环境可以营造出一种温馨愉悦的氛围，并且需要空出中间的主体位置给主角——玩具车，来凸显其重要地位和内容关注的焦点。

9.3.2 利用文生图完成简单的背景生成

选择使用Stable Diffusion生成背景。通过之前的分析可知，需要生成一张包括玩具房的背景，因此要在prompt（提示词）中加入“toy room”等关键词；需要氛围温馨快乐，所以可以使用暖色调，减少棱角分明的物品，可以在prompt中加入“delightful”“warm”等关键词；又因为需要的背景风格是真实的，而不是二次元或者渲染的风格，还需在prompt中加入“professional photograph”等关键词，并且在负面提示词negative prompt中加入“cartoonish”等关键词来限制图片卡通化或过于简单的风格。

利用文生图，生成多张图片，进行筛选后选择一张较为符合需求的图片，如图9-8所示。

图9-8　背景素材图

在图9-8中可见其主题明确，为氛围温馨的玩具房，中间的位置空出用于放置主体玩具车，还有光线的映衬更是添上了一份意外之喜。

至此，利用Stable Diffusion的“文生图”功能完成了一次简单的背景生成，可见效果还是比较令人满意的。

此外，若读者手中有大致符合需求但是某些地方有缺陷的低质量素材，不妨试试使用“图生图”功能，添加所需的prompt，进行图片素材的优化，如分辨率的提高、内容的增减，并且可将其作为背景素材。

9.3.3　背景与商品的拼接

有了背景图还不够，仍需要将商品也就是玩具车，放入背景图。

首先使用Photoshop软件，将商品图和背景图进行基础的图像抠图和拼接处理，再将经过初步处理的图像文件导入Stable Diffusion程序中，进行图生图的二次处理，如图9-9所示。

商品图

抠掉背景

结合背景、商品并导入

图9-9　素材处理流程

可以发现，使用Photoshop进行基础的图像拼接处理后，玩具车和背景的边缘连接部分有些生硬，而且背景图的光线在玩具车上没有形成相应的阴影。为提升图像的整合后的质量，选择使用ControlNet工具的Depth深度处理功能对其进行二次加工。

（1）使用ChatGPT进行辅助生成所需的提示词（Prompt），之后将其填入Stable Diffusion的提示词输入框内，如图9-10所示。

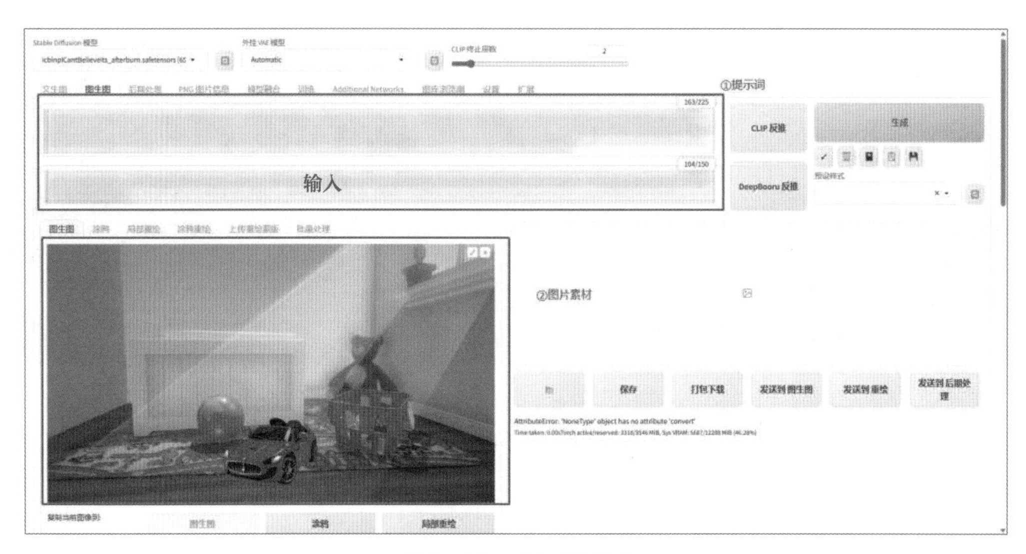

图9-10　输入提示词

（2）根据实际情况与自身要求，分别设置参数，然后启用ControlNet，如图9-11所示。

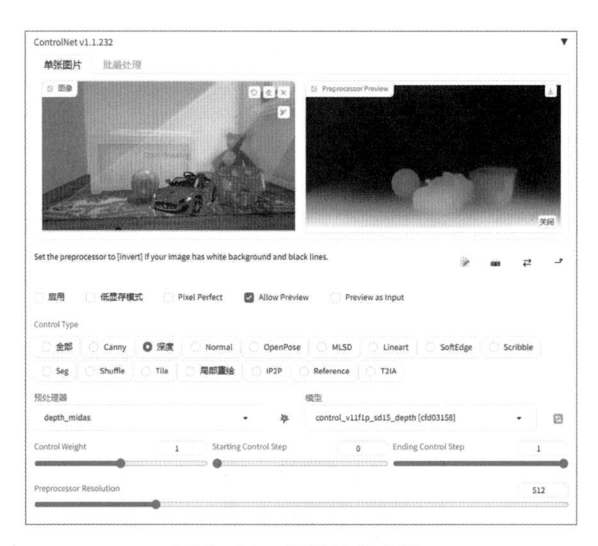

图9-11　设置具体参数

需要注意的是，在ControlNet的“控制类型”中选择Depth（深度）选项，并且选择合适的预处理器和模型。点击预处理器右边的“爆炸”按钮后，可以在“预处理结果预览”区域中看到预处理后的深度图，如图9-12所示。

图9-12　预览深度效果图

设置完提示词和参数后，点击“生成”按钮，则会生成一批大致符合需求的图片，如图9-13所示。

图9-13　结果图预览

在图9-13中筛选合适的图片。其中第一幅图、第三幅图和第五幅图中的玩具箱过于杂乱，第四幅图的颜色不协调，都放弃。剩下第二幅图相对符合需求，色调统一，氛围温馨，背景干净不杂乱，因此选取第二幅图作为素材。

进行ControlNet的处理生成后，可以看到图片中的汽车和商品玩具车拥有完全一样的轮廓，这是因为Depth的控制作用严格地限定了图片中各个部分的结构。

之后将商品素材图直接放入背景图，覆盖生成的玩具车就可以拥有较好的整体性，使背景和商品主体之间的联系不会显得过于分离，如图9-14所示。

图9-14　选取较好的结果图

可以看到，最后生成的图片效果已经远远好于最开始直接将玩具车放入生成背景的效果。

9.4　户外背景与人物

第二个案例是户外的水球玩具，现有的素材只有美工给出的火柴人简笔画，希望将其加工成较为真实的户外场景，并且生成的真人代替火柴人，体现两个儿童互相追逐的玩耍场景。

相比第一个案例的简单生成和融合，本案例更倾向于对生成过程中出现的突发情况和问题进行解决，如图9-15所示。

图9-15　需要处理的素材图

9.4.1　生成图片前的需求分析

经过简单的分析后，可以发现原素材太过杂乱，不适合Stable Diffusion的图生图处理，因为无关元素太多会造成很多没必要的内容出现，并且不容易保持主体的稳定。

因此选择使用Photoshop进行简单的抠图处理，去除与主题不相关的元素，保留核心主体的人物动作，如图9-16所示。

图9-16　选取素材图主体人物动作

9.4.2　利用ChatGPT辅助生成背景

接着选择使用Stable Diffusion生成背景。因为这次生成背景的需求比较复杂，可以使用ChatGPT进行提示词的辅助生成。首先使用ChatGPT调校语句以适应特定的任务需求；之后根据任务的需求，给出大致的场景描述，让ChatGPT在此场景下，进行具体提示词的构建和生成。

这时，可以将自己当作一个Stable Diffusion的提示词工程师，任务是设计Stable Diffusion的文生图提示词。需要按照如下流程完成工作：

（1）根据发送的一幅图片情景，将这幅图片情景进行丰富和具体化，生成一段图像描述，按照“【图片内容】具象化的图片描述”的格式输出；

（2）结合Stable Diffusion的提示词规则，将输出的图像描述翻译为英文，可以加入诸如高清图片、高质量图片等描述词来生成标准的提示词，提示词为英文，以“【正向提示】提示词”的格式输出；

（3）根据上面的内容，设计反向提示词，可以是一些不应该在图片中出现的元素，例如低质量内容、多余的鼻子、多余的手等描述，用英文描述并且生成一个标准的Stable Diffusion提示词，以“【反向提示】提示词”的格式输出；

（4）提示在生成图片时需要设置的参数以及推荐一个使用的模型和生成这张图片的最优长宽比例，按照“【参数】Sampling method：参数；Sampling steps：参数；CFG Scale：参数；Seed：参数；最优长宽比：参数”的格式输出。

需要注意的是Sampling method参数在下面内容中选择：“Euler a,Euler,LMS,He

un,DPM2,DPM2a,DPM++ 25 a,DPM++ 2M,DPM++ SDE,DPM fast,DPM adaptive,LMS Karras,DPM2 Karras,DPM2 a Karras,DPM++ 2S a Karras,DPM++ 2M Karras,DPM++ SDE Karras,DDIM,PLIMS,UniPC）”。

输入场景描述：两个孩子在户外追逐。

【图片内容】两个孩子正在玩耍，一个孩子手里拿着东西准备扔出去，另一个孩子正快乐地奔跑着。他们的笑容洋溢着快乐和童真。第一个孩子正站在原地，手臂高高举起，准备将东西扔出去；第二个孩子则正在全速奔跑，双脚离开地面，头发随着风飞扬。周围是绿色的草地和蓝天白云，阳光洒在他们身上，营造出欢乐的氛围。他们的动作充满活力，彼此之间充满了互动和玩乐的乐趣。

ChatGPT给出了具体提示词：

【正向提示词】Two children playing, one about to throw something while the other is running happily. The first child is standing still, arm raised high, preparing to throw the object. The second child is running at full speed, feet off the ground, with hair flying in the wind. They both have joyful smiles on their faces, radiating happiness and innocence. The surroundings consist of a green grassy field and a blue sky with white clouds. Sunlight bathes them, creating an atmosphere of joy. Their actions are full of energy, and there is a sense of interaction and playful enjoyment between them.

中文：两个孩童正在嬉戏，一个正准备投掷某物，而另一个则欢快地奔跑。前者静立不动，手臂高高举起，准备将物体抛掷出去。后者则全速疾跑，双脚离地，头发随着风势飘扬。他们面带欢笑，脸上洋溢着幸福与纯真的光彩。四周环境是一片绿草如茵的草地，以及蔚蓝的天空和洁白的云朵。阳光洒落，为他们营造了一派欢乐的氛围。他们的举止充满活力，彼此之间充满了互动与玩乐的乐趣。

【反向提示词】Cartoon, 3D rendering, disfigured, bad art, deformed, extra limbs, close-up, black and white, weird colors, blurry, duplicated, morbid, mutilated, out of frame, extra fingers, mutated hands, poorly drawn hands, poorly drawn face, mutation, deformed, ugly, bad anatomy, improper proportions, extra limbs, cloned face, disfigured, out of frame, ugly, extra limbs, bad anatomy, gross proportions, malformed limbs, missing arms, missing legs, extra arms, extra legs, fused fingers, too many fingers, long neck, Photoshop, video game, ugly, tiling, poorly drawn hands, poorly drawn feet, poorly drawn face, out of frame, mutation, mutated, extra limbs, extra legs, extra arms, disfigured, deformed, cross-eyed, body out of frame, blurry, bad art, bad anatomy, 3D rendering.

中文：卡通、三维渲染、形象扭曲、劣质艺术、畸形、额外的肢体、特写、黑白、奇异颜色、模糊、重复、病态、残缺、画面之外、多余的手指、变异的手掌、绘制不良的手掌、绘制不良的面部、变异、畸形、丑陋、解剖结构不良、比例不恰当、额外的肢体、面部克隆、形象扭曲、画面之外、丑陋、解剖结构不良、比例失调、肢体畸形、缺少手臂、缺少腿部、额外手臂、额外腿部、指间融合、过多手指、颈部过长、Photoshop、电子游戏、丑陋、平铺、绘制不良的手掌、绘制不良的足部、绘制不良的面部、画面之外、变异、突变、额外肢体、额外腿部、额外手臂、形象扭曲、畸形、斜眼、身体在画面之外、模糊、劣质艺术、解剖结构不良、三维渲染。

【参数】

Sampling method: DPM++ 2M Karras;

Sampling steps: 20;

CFG Scale: 7;

Seed: 639249185;

最优长宽比: 3∶4

中文:

采样方法：DPM++ 2M Karras;

采样步骤：20;

CFG 缩放比例：7;

种子：639249185;

最佳长宽比：3∶4。

将其导入Stable Diffusion，并且设置具体参数并使用“图生图”功能生成图片，发现虽然大致能实现需求，但是出图质量不高，从中选取质量较高的一张，不过也会存在各种各样的问题，如图9-17所示。

图9-17　选取较好的结果图

9.4.3　针对问题做成解决方案

通过观察可以发现上图中存在多个问题，包括：没有人物正脸、儿童的手脚比例不协调、脸部不美观。因此该图还不适合作为商品宣传的背景图使用，需要对其问题进行处理，从而提高图片质量。下面针对具体问题逐一进行解决。

（1）对于没有人物正脸的问题，可以选择在提示词中加入如“Positive face”等关键词，并且进行大量图生图操作，直到产生一张脸部角度正确的图片。

但是在处理过程中，发现生成的绝大部分图片中，人物脸部转动的角度都较小，于是可以在其中选择一个角度相对较大的图片作为图生图素材，进行再次生成。这样重复多次后，就可以找到一张有人物正脸的图片了，如图9-18所示。

图9-18　结果图存在问题需要改进（人物正脸问题）

（2）对于人物脸部不美观，没法作为商品宣传图，这也是需要解决的问题。

这里介绍两个关键技术，对于儿童手脚比例不协调和脸部丑陋的问题，可使用一个新的模型，名为embeddings（嵌入模型），其中“easynegative”和“deepnegative”功能，能够有效解决手部和脸部比例失真的问题。

将资源中的“embeddings”文件夹中的文件放入“stable-diffusion-webui\embeddings”目录下，并且重启webui，如图9-19所示。

stable-diffusion-webui › stable-diffusion-webui › embeddings

排序　查看　…

名称	修改日期	类型	大小
easynegative.safetensors	2023/10/22 22:54	SAFETENSORS ...	25 KB
ng_deepnegative_v1_75t.pt	2023/10/22 22:54	PT 文件	226 KB

图9-19　将文件放入指定位置

安装后在“negative prompt”文本框中输出“<”符号，就可以出现embeddings的选项，选择并输入即可启用其功能，如图9-20所示。

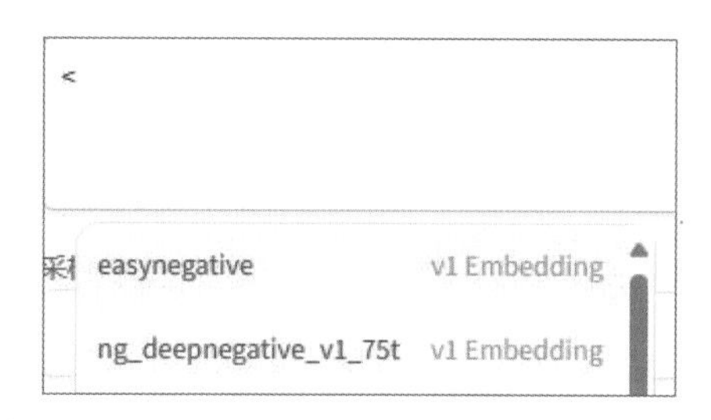

图9-20　启用embeddings

在增加这两个针对脸部和手部的embeddings后，对于有正脸的图片素材进行二次处理生成，最后在生成的一批图片结果中选取效果较好的一张，如图9-21所示。

图9-21　改善后的结果图（人物脸部美观问题）

但是可以看到，由于不知道什么原因，虽然手脚和脸部都得到了修改，背景中却出现了奇怪的彩色球和尾气，这是我们不需要的，需要去除。如果使用Photoshop软件进行修改，操作过程太过复杂，而且边缘可能会不自然，修改效果不理想。因此可以选择用Stable Diffusion软件自带的涂鸦重绘工具进行修正。

首先进入涂鸦重绘工具界面，用吸管工具分别选择蓝天和白云的颜色，对需要去除的物品进行简单的涂抹，如图9-22所示。

图9-22　涂鸦重绘步骤

可以看到这种涂鸦处理得非常粗糙，但是Stable Diffusion可以将其模糊化并且生成衔接自然的图片。点击“生成”按钮后，可以看到多余元素得到了较好处理，并且边缘处衔接自然，如图9-23所示。

图9-23　涂鸦重绘结果

至此，背景图片的问题得到了较好的解决，接下来只需大致重复案例玩具车中的背景和商品的拼接过程即可生成一幅高质量的商品图。具体操作这里不赘述，读者可自行尝试完成。

9.5　服装

由于服装品类过于庞大，细分种类过多，而且部分服装结构复杂，难以在使用 Stable Diffusion 给出一个从零开始生成高质量商品+人物的成品图的同时，保留服装的百分百细节还原并且让人物和服装结合十分自然。

9.5.1　生成图片前的需求分析

在这里给出一个折中的方案，即使用“蒙版”功能，在保留传统方式使用模特拍摄的前提下，省下寻找或搭建合适背景，选择室内拍摄并且替换背景的方式，生成高质量的成品图。

那么需求就十分清晰了：模特穿着服装商品拍摄的照片，需要将室内背景替换为符合服装氛围的背景，并且凸显出模特和服装的主体地位，如图 9-24 所示。

图9-24　服装素材图

9.5.2 蒙版制作——细节百分百还原

由于需要保持模特和服装的细节百分百还原，因此选择使用Stable Diffusion的“蒙版”功能。它可以在仅更改所选区域的情况下进行作图。

首先，打开Photoshop软件进行蒙版的制作，如图9-25所示。

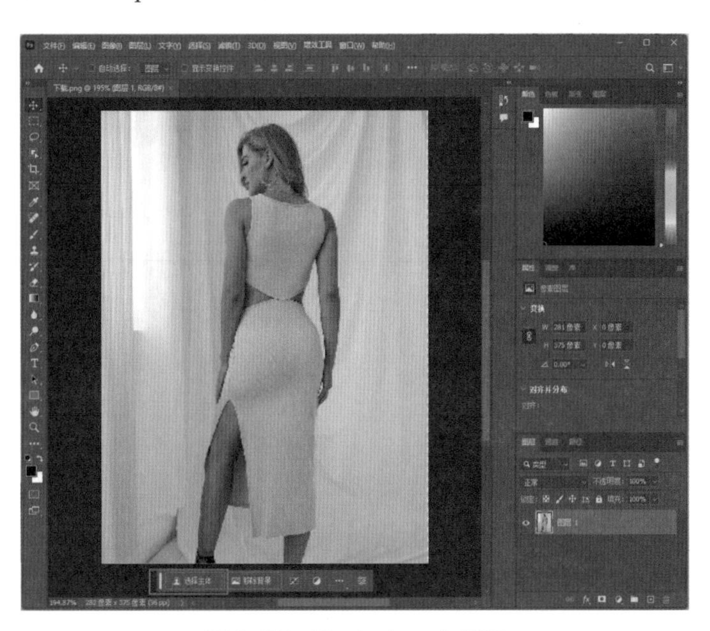

图9-25 Photoshop主界面

进入Photoshop，打开素材图片后，点击“选择主体”选项，就会自动选中人物主体，有虚线框作为示意，如图9-26所示。

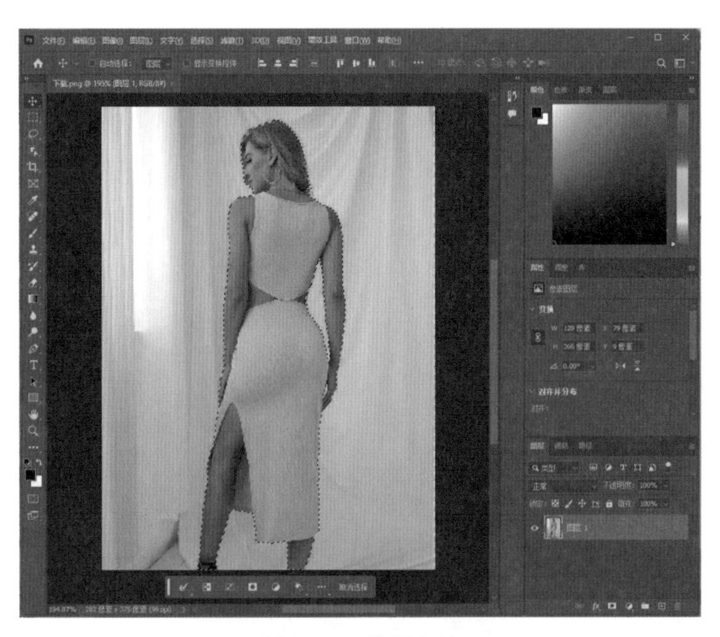

图9-26 选择主体

选中后将其进行“颜色填充”操作，填充为白色。接下来进行“反向选择”，将背景部分填充为黑色，如图9-27所示。

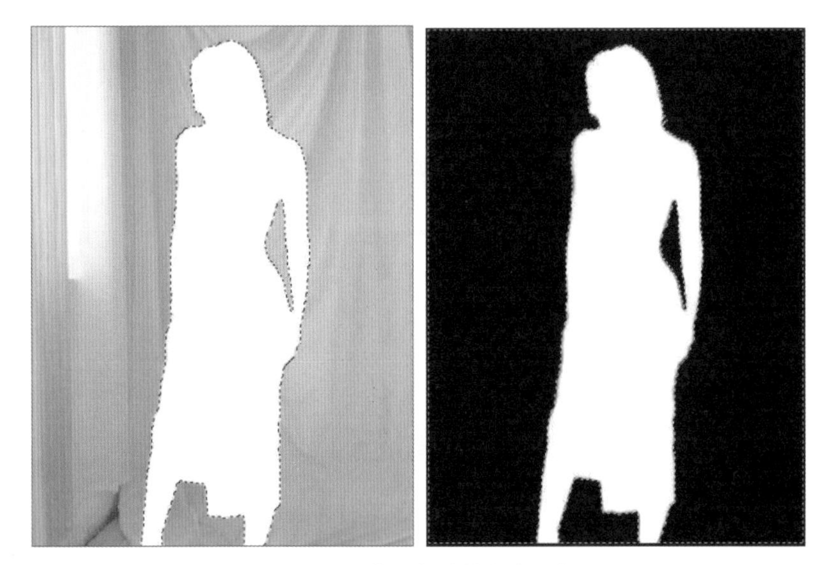

图9-27　背景部分填充为黑色

接下来将其导出，蒙版就制作完毕，可以应用于Stable Diffusion的图生图操作中了。

9.5.3　大批量生成背景

首先进入Stable Diffusion的“图生图”功能，选择“上传重绘模板”选项，如图9-28所示。

图9-28　上传重绘蒙版示意图

接下来分别上传原素材图和制作好的蒙版，在“Mask Mode”选项中选择“Inpaint not masked”，并且填写好相关提示词后，点击“生成”按钮，如图9-29所示。

图9-29　上传重绘蒙版示意图

可以看到，生成的图片在主体模特和服装完全保持原样的情况下，改变了背景，如本例中笔者填写的提示词包括沙滩（beach）等词，背景就被替换为沙滩，比起室内的白墙更加契合服装的氛围和艺术内涵，如图9-30所示。

图9-30　蒙版生成结果预览图

但是生成的图片也不是全部都符合需求，比如上面五幅图片中，第二幅图和第三幅图大致符合需求，且质量较高，但是第一、四、五幅图未能达到预期，需要舍弃。

因此笔者建议在生成图片时应大批量地生成图片，然后在结果中选取质量较高的一张。

9.6　结语

Stable Diffusion是一个非常强大的提高我们工作效率的工具，虽然投入应用没有多久，但是其发展之迅速、插件增长之多都令人瞩目。笔者在本书中介绍的功能和使用只是冰山一角，其还有更多的功能和巧妙的用法等待读者自行探索。

在此，笔者也希望读者不要仅限介绍的几种方法，而是对“文生图”“图生图”“ControlNet”等诸多功能进行自主、巧妙应用，发挥出Stable Diffusion更为强大、更具创造性的功能。

附录 A

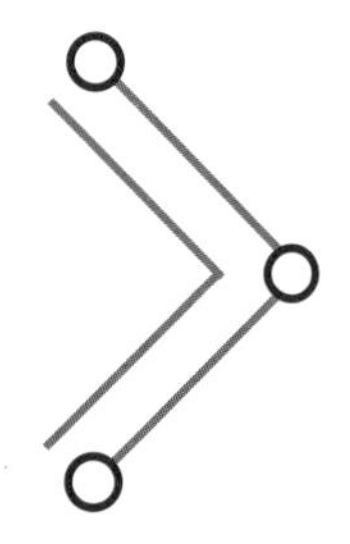

图片处理AI工具

对于图片及其文字内容的处理，如果不考虑工作量、熟练度，只是以呈现效果而言，首选PhotoShop可以说是当仁不让，但是对于大多数亚马逊跨境电商卖家来说，Photoshop上手难度较高、时间成本负担较重，这时就需要一些操作简单的辅助工具，来帮助卖家减少工作量、提升工作效率，如去除背景、更换背景图、剔除或更改文字、图片背景拓展等，下面简单列举部分免费工具供卖家参考使用。

1．Clipdrop

Clipdrop是一款非常流行的Ai图像处理应用,大部分功能可以免费在线使用。它的母公司被著名的Ai图像生成模型 Stable Diffusion的母公司 Stability AI收购，并在其新发布的产品中集成了Stability AI公司的新版图像生成模型 Stable Diffusion XL，该软件目前能实现的功能较多，具体如下：

（1）「Cleapup」智能修图

该功能目前免费使用，它可以智能识别用户“圈住”的对象，比如人物、物品、文字等，在十几秒内进行无痕抹除如图A-1和图A-2所示。但上传的图像的像素分辨率不能超过2 048×2 048，如果超过Clipdrop会自动将图像缩小至2 048 px，或者可以开通会员解锁高清模式。

图A-1　智能修图-原图

图 A-2　智能修图-处理后

（2）「Remove Background」一键抠取图像

可以快速精准地抠取画面中的主体，即使是头发这样复杂的对象，效果也非常好，如图 A-3 所示。功能可以免费使用，但是上传的图像的像素分辨率不能大于 1 024 × 1 024，如果超过 Clipdrop 会自动将图像缩小至 1 024 px。

（a）原图

（b）处理后

图 A-3　一键抠取图像

（3）「Relight」重新打光

功能也是免费的，可以在一张图像中添加多个光源，光源的范围、颜色、强度、位置都可以调整，甚至实现背面打光，对摄影后期、图像处理来说都是非常好的辅助工具，如图A-4所示。

图A-4　重新打光前后对比

（4）「Replace Background」替换背景

该功能收费使用，自动将图片的背景按用户描述进行替换，与Stable Diffusion和Midjourney有一定相似之处，如图A-5所示。

原始　　　　一个模糊的沙漠背景

图A-5　替换背景前后对比

（5）「Text remover」文字移除

自动移除图片中出现的文字内容，如图A-6所示。

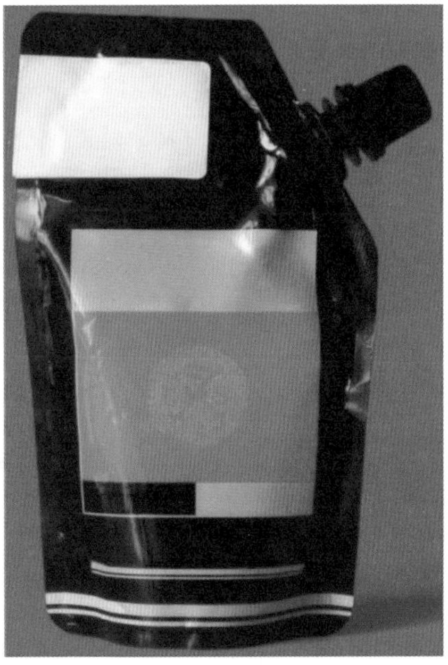

图A-6　文字移除前后对比

（6）「Stable Diffusion XL」文生图

根据文本生成高质量图像，使用的模型就是前面提到的 SD XL 0.9，并提供动漫、写实、数字、漫画、3D、霓虹等不同的生成风格，如图A-7所示。它一次性生成 4 张图像，单张图像的像素分辨率大小为1 024×1 024，宽高比为1∶1，用户每天可免费生成 100 张图像。需要注意的是 SD XL 0.9 目前是在非商业的、仅用于研究的许可下发布的，受其使用条款的约束，所以它生成的内容目前不可商用。

图A-7　文生图效果

（7）「Reimagine XL」图像变体

Reimagine XL 会识别上传图像的内容、风格、颜色等，免费生成 3 张类似的变体图像，如果效果不满意还可以重新生成，完成后可以直接下载，如图 A-8 所示。如果想要下载高清的变体图像，需要开通会员，也可以用之前推荐过的 Upscayl 这样的免费工具进行放大。

图 A-8　图像变体效果

（8）「Uncrop」图像外绘

该功能免费使用，Uncrop 可以向外拓展绘制现有图像，还支持自定义外绘的宽高比和原始图像的位置，如图 A-9 所示。

图 A-9　图像外绘效果

2. Bgsub

Bgsub 是一个使用 AI 人工智能技术自动删除、替换图片背景的网络服务，操作相对简单，能在几秒钟时间一键处理图片，大幅减少编辑所需时间。支持拖动、URL、复制粘贴等多种形式上传图片，且图片不会失真。如图 A-10 所示。

图A-10　Bgsub效果

3．bigjpg

这个工具，能让图片实现无损放大，同时还不影响图片质量和画面。

打开网站上传图片壁纸如图A-11所示，选择自己需要的放大倍数，支持2倍、4倍、8倍、16倍，点击【开始】按钮，稍等一会图片就被放大了。

图A-11　bigjpg无损放大选取图片

4．AdTron

AdTron主要包括关键词工具和广告工具，关键词工具是一款主打listing上架、优化、查词的运营工具，其卡片+BI的特色交互能帮助用户快速挑选适合的关键词，同时结合AI技术可以实现标题与五点描述生成，极大提升运营的工作效率；广告工具是一款针对亚马逊平台广告投放的AI工具，其内部有自主研发的广告标签体系与计算逻辑，通过自动赋词、智能调价、广告框架优化等方式，帮助用户降低广告ACOS的同时提升广告销售额，从而实现广告“降本增效”的目的。

在确定图片上要展示的产品卖点内容时，我们就可以利用其关键词工具确定高频卖点，甚至是卖点的词汇形式，如图A-12所示。

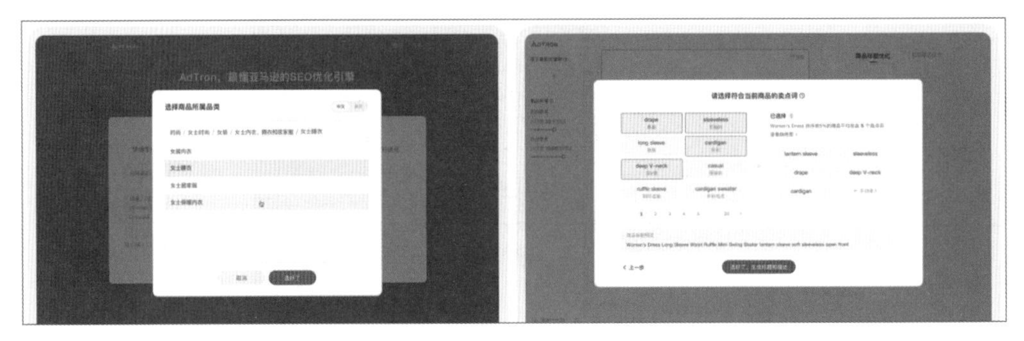

图A-12 使用AdTron“我要上架”功能模块

除此之外，还可以利用AIGC技术拓展关于卖点的描述，此描述可以用于A+页面某类模板的布局中，如图A-13所示（其文字介绍见P109）。

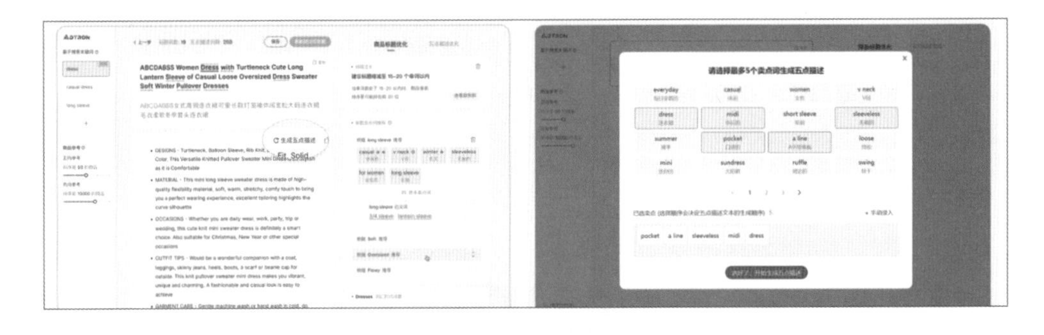

图A-13 点击“生成五点描述”，选择想要埋词的卖点

5．字由

字由是一个字体管理工具，当卖家对图片进行文字内容的填充时，字体的选择可以用此工具完成。

“免费商用”板块几乎囊括所有市面上的免费可商用字体，实时更新，节省自己去找安装包的时间，“单款商用”“会员商用”“单独授权”等板块可以让用户使用的时候明确知道哪些可商用，哪些需要购买才可商用，尽量避免版权问题，如图A-14所示。

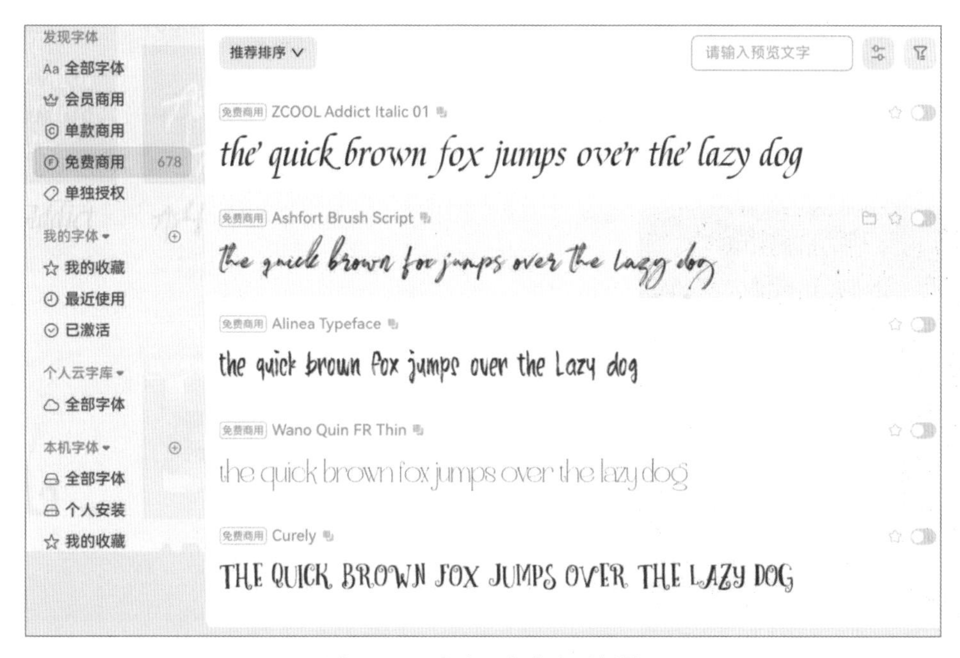

图A-14　字由—免费商用板块

此外，如果我们想知道某张图片中究竟使用了哪些字体，AI识字就派上了用场如图A-15所示。截图后上传到字由AI识字板块，系统会利用AI技术识别图片中的字体，无须抠图／切图，方便快捷、识别率高。即便是一张图片中使用了多种字体，也是可以识别出来的，字由普通用户每天可识别10次，轻度使用者这个次数基本足够。

图A-15　字由—AI识字上传

6．canva可画

canva是一款很好的辅助设计软件，对于设计要求不高的新手来说是一个能够有效节约时间并且保证一定设计质量的高效工具，产品特点：免费+无版权争议+海量模板。

对于电商人来说，可以直接使用其模板，也可以将其作为Photoshop的“平替”，只使用图片编辑功能，如图A-16所示。

当然，文字编辑功能也必不可少，如下图就是采用自带文字库中的“breathing字体”。

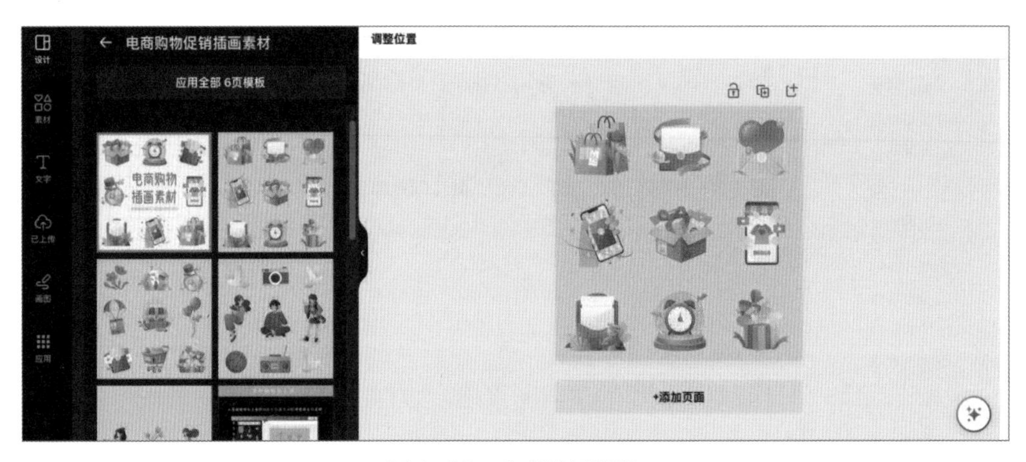

图A-16　电商使用模板